美洲保护地融资

Conservation Capital in the Americas

〔美〕詹姆斯·莱维特（James N. Levitt） 编著

吴佳雨 译

教育部哲学社会科学研究重大课题攻关项目（20JZD013）
浙江省哲学社会科学规划课题（21NDJC034YB）　　　　　　资助
北京大学–林肯研究院城市发展与土地政策研究中心研究基金

科 学 出 版 社

北 京

内 容 简 介

本书介绍了美洲各国正在实施的保护地融资新方法，以及交易的艺术到可持续发展的实践。通过介绍北美和拉丁美洲的七个案例呈现保护融资在全球的创新举措，具体包括：保护金融工具（智利和新英格兰）、税收相关激励（马萨诸塞州的《社区保护法》）、私有土地保护计划（智利）、保护发展融资、可持续发展融资、保护投资银行、碳相关生态系统服务。

图书在版编目（CIP）数据

美洲保护地融资 /（美）詹姆斯·莱维特（James N. Levitt）编著；吴佳雨译. —北京：科学出版社，2023.1

书名原文：Conservation Capital in the Americas

ISBN 978-7-03-071341-4

Ⅰ. ①美… Ⅱ. ①詹… ②吴… Ⅲ. ①环境保护－融资－美洲 Ⅳ. ①X196

中国版本图书馆 CIP 数据核字（2022）第 016864 号

责任编辑：郝　悦 / 责任校对：王晓茜
责任印制：张　伟 / 封面设计：有道设计

科 学 出 版 社 出版
北京东黄城根北街 16 号
邮政编码：100717
http://www.sciencep.com
北京虎彩文化传播有限公司 印刷
科学出版社发行　各地新华书店经销
*
2023 年 1 月第 一 版　开本：720 × 1000　1/16
2023 年 1 月第一次印刷　印张：12 1/2
字数：252 000
定价：128.00 元
（如有印装质量问题，我社负责调换）

CONSERVATION CAPITAL IN THE AMERICAS

James N. Levitt
Shannon Meyer

This book was published by the Lincoln Institute of Land Policy in collaboration with Island Press, the Ash Institute for Democratic Governance and Innovation at the Harvard Kennedy School, and the David Rockefeller Institute for Latin American Studies at Harvard University.

Library of Congress Cataloging-in-Publication Data

Conservation capital in the Americas: exemplary conservation finance initiatives/James N. Levitt, editor.

    p. cm.

Papers presented at a conference held in Valdivia, Chile, in Jan. 2009.

Includes index.

ISBN 978-1-55844-207-8

1. Nature conservation--America--Finance--Congresses. I. Levitt, James N. II. Lincoln Institute of Land Policy.

QH77.A533C66 2010

333.72097--dc22

2009047428

Designed by Peter M. Blaiwas
Vern Associates, Inc., Newburyport, MA www.vernassoc.com

Composed in ITC Giovanni and Myriad Pro. Printed and bound by Puritan Press, in Hollis, New Hampshire. The text paper is Sappi Flo Dull White, a 10% PCW product, with FSC and SFI Chain of Custody and SFI Fiber Sourcing certifications.

MANUFACTURED IN THE UNITED STATES OF AMERICA

Photo credits
Cover: NASA/Goddard Space Flight Center Scientific Visualization Studio
Page 78: photos courtesy of Mo Ewing
84, 85, 87, and 90: Hermilio Rosas and José Gonzales
98: Dean Current, Eco-Palms Project
123: Courtesy of Rolf Wittmer Turismo Galápagos
132, 133, and 134: The Nature Conservancy
177, 182, and 184: The Pacific Forest Trust
201: R. Winn/U.S. Fish and Wildlife Service
203: Ecosystem Investment Partners
208 and 209: Shannon Meyer

"北大-林肯中心丛书" 序

　　北京大学-林肯研究院城市发展与土地政策研究中心（简称北大-林肯中心）成立于 2007 年，是由北京大学与美国林肯土地政策研究院共同创建的一个非营利性质的教育与学术研究机构，致力于推动中国城市和土地领域的政策研究和人才培养。当前，北大-林肯中心聚焦如下领域的研究、培训和交流：（一）城市财税可持续性与房地产税；（二）城市发展与城市更新；（三）土地政策与土地利用；（四）住房政策；（五）生态保护与环境政策。此外，中心将支持改革政策实施过程效果评估研究。

　　作为一个国际学术研究、培训和交流的平台，北大-林肯中心自成立以来一直与国内外相关领域的专家学者、政府部门开展卓有成效的合作，系列研究成果以"北大-林肯丛书"的形式出版，包括专著、译著、编著、论文集等多种类型，跨越经济、地理、政治、法律、社会规划等学科。丛书以严谨的实证研究成果为核心，推介相关领域的最新理论、实践和国际经验。我们衷心希望借助丛书的出版，加强与各领域专家学者的交流学习，加强国际学术与经验交流，为中国城镇化进程与生态文明建设的体制改革和实践提供学术支撑与相关国际经验。我们将努力让中心发挥跨国家、跨机构、跨学科的桥梁纽带作用，为广大读者提供有独立见解的、高品质的政策研究成果。

北京大学-林肯研究院城市发展与土地政策研究中心主任

刘　志

序　言

我一直都知道环境保护能够捍卫价值。

而现在我更明白的是，环境保护能够创造价值。

——"美洲环境保护资本"大会上的拉丁美洲学生

在美国乃至世界范围内，历史上每一次自然环境保护的重大进展，都伴随着一个波澜起伏的故事。在过去150年自然环境保护的政策与实践中，美国每一次取得里程碑式的进展，都发生在约30年至40年的时间间隔内。

1864年（美国内战时期及之后），亚伯拉罕·林肯在约塞米蒂建立了世界上第一个国家公园的前身，可谓早期国家级成就。格兰特随后于1872年创建了黄石国家公园，从此成为自然资源保护的标杆。19世纪90年代和20世纪，高潮随之出现。西奥多·罗斯福（Theodore Roosevelt，美国第26任总统）和吉福德·平肖（Gifford Pinchot，美国共和党政治家）因森林保护而声名大噪。

近30年的中断后，富兰克林·德拉诺·罗斯福（Franklin D. Roosevelt，美国第32任总统）于黑色风暴时代（20世纪30年代，严重的沙尘暴损害了美国和加拿大草原的生态和农业）创立了土壤保护局和公民保护团，标志着环境保护工作的进一步推动。随后又是30年的空白，直到20世纪六七十年代，蕾切尔·卡逊（Rachel Carson，海洋生物学家）才再度让国家觉醒，帮助全球社会共同努力解决污染问题。在自然环境保护的实践中，我们再一次达到了创新的巅峰。

另一个巅峰也即将到来。在联合国政府间气候变化专门委员会（Intergovernmental Panel on Climate Change，IPCC）的诺贝尔奖获奖成果推动下，1998年的《京都议定书》被广泛采用，世界（除了美国和其他几个国家）开始对气候变化采取实质行动。如今全球变暖的证据日益确凿，国际社会（这一次包括美国在内）准备再次采取有效行动，以确保世界经济、社会与环境安全。

美国驻智利大使保罗·西蒙斯（Paul E. Simons）在本书的前言中指出，"美洲环境保护资本"会议闭幕后的第二天，贝拉克·奥巴马（Barack Obama）就任美国第44任总统。在新任总统的就职演说中，他向世界各地不管是贫穷还是富裕的伙伴承诺："（我们将）与你并肩工作，让你的农场蓬勃发展，让清洁的水流入；（我们将）滋养饥饿的肉体和心灵……（我们）不能再……消耗世界资源而不考虑其后果。世界已经发生变化，我们必须随之改变。"（Obama，2009）

　　跨越半个地球，就在奥巴马就职的同一时刻，在美丽的智利城市瓦尔迪维亚（Valdivia）附近，环境保护学家正加速这一变革：他们正在一个刚接受保护的山达木森林中远足，探索发现珍稀树种。他们走在高耸的常青树林荫下，交流着如何保护管理土地、如何实现生物多样性的新途径。他们走过火地岛（Tierra del Fuego）的森林，走过伊迪塔罗德小径（Iditarod Trail）沿线的阿拉斯加苔原（Alaskan tundra）。他们的想法不曾变过，那就是致力于实现可持续发展，使人类受益。

　　这个环境保护学家团体在为期四天的"美洲环境保护资本"会议中聚集。除了他们，在举办方的特意安排下，与会者还包括各色各样的人群。他们都热衷于通过创新来保护自然资源。无论是完成上万公顷土地保护的全球保护组织高级管理人员，还是渴望成为土地和生物多样性的管理者的大一学生。同时也包括来自多方机构乃至国家政府在城市规划方面拥有丰富经验的从业人员——或是来自全球范围内大规模的保护性非营利机构，或是来自当地的小规模土地慈善基金机构，或是来自业务广及中国至美国芝加哥的私营跨国森林产品公司，或是来自向使用简单木柴炉的本地人出售可持续采伐木柴的当地合作企业。

　　秘鲁、巴拿马等地的研究人员与刚从南非、北卡罗来纳州工作回来的同事交流意见。在一次多样化的交流中，西蒙斯大使（Ambassador Simons）与智利众议院议员豪尔赫·布尔戈斯（Jorge Burgos）以及亚斯娜·塞普尔韦达（Yasna Sepulveda）（一个来自当地土著社区的年轻女子），围绕如何应对整个半球保护实践的新机遇，进行了开放式讨论。

　　他们的谈话重点即为本书的核心：我们该如何获取金融资本，以及人类、社会和自然资本为当代和后代管理地球资源？我们从哪里可以获取资金、人才和政党的支持来完成必要的工作？如何应对一系列提供维持生命基本需求的生态系统所面临的复杂威胁？

　　这些问题的答案既不简单也不统一，需要精心制订解决方案，以适应令人眼花缭乱的土地所有权模式和政治、经济条件。参会者通过小组演讲和私下谈话发现，巧妙的解决措施确实存在，并且越来越多样化。从环境保护交易的学问到可持续发展的实践，世界各地每天都在创新环境保护融资的方法并加以执行。

　　正如智利记录报 El Mercurio 所述："正如'正常时期'的艰难任务，融资保护计划听起来十分超前，且目前看似极为宏大……尽管如此，在由哈佛大学、林肯土地政策研究所（Lincoln Institute of Land Policy）和智利南方大学组织的'美洲环境保护资本'会议上，环境保护学家仍乐观地期待西半球融资保护机遇的诞生"（Gutiérrez，2009）。

　　这些乐观主义者包括马塞洛·林格林（Marcelo Ringeling，智利一名信息技术主管）、维多利亚·阿隆索（Victoria Alonso，大自然保护协会的私有土地保护计划负责人）、亨利·泰珀［Henry Tepper，位于纽约的奥杜邦协会（National Audubon

Society）副主席］。他们与来自非营利组织、律师事务所等多方机构以及拥有其他专业背景的数十名同事一起，为智利私有土地的永久保护创造新的方法。Ringeling 已与 Alonso 和 Tepper 合作多年，他们都致力于为保护私有土地而创建新的法律和制度体系。若这一体系得以建立，可能会引起南美洲南锥体（南美洲位于南回归线以南的地区，包括阿根廷、智利和乌拉圭三国）的土地信托运动。届时，我们将有足够的能力以及更多的机构和国家参与进来以弥补分散的受保护的公共土地系统。

他们的共同梦想似乎快要实现了。2009 年初，智利议会的一个委员会审议了对国家宪法的修正案，将创建一种名为"真正的保护权"（Derecho Real de Conservación）的土地使用权类别。若是能在法律上确立，这将成为允许私有土地在智利得到永久保护的重要先例。这与美国的保护地役权在一定程度上有相似之处，但又不完全等同。此外，如果这一土地使用权在智利确立，它还有可能会传播到南美等其他具有民法（或拿破仑）法律的国家。

他们在立法方面也取得了重大进展，甚至在立法举措完成之前，智利人已经在尝试建立致力于保护消失的景观和栖息地的机构。正如 Ringeling 在 2009 年 5 月的电子邮件中向会议上的同事表明，在这些机构的创设过程中，持续的国际投入可以创造重要的价值。他说道："我们非常高兴地宣布第一个智利土地信托公司——萨帕亚尔森林公司（Corporación Bosques de Zapallar）的诞生。2009 年 5 月 23 日，他们举办了一项典礼，承诺永久保护萨帕亚尔（Zapallar）宝贵的沿海栖息地，并获得了超过 180 名当地居民和自然学家的大力支持。在萨帕亚尔森林公司发展的同时，我们欢迎大家提出宝贵的建议和巧妙的创意。我们非常感谢大家的支持，期待尽快与大家一起讨论这个重要的项目！"（Levitt，2009）。

Zapallar 获得成功的同时，该地区在保护举措方面也取得了进展。"美洲环境保护资本"会议上审议的每种保护地融资方法似乎都得益于其中一个或多个目标——加强能力、制定政策、传播保护融资的创新举措。这些目标是如何实现的呢？无论是公共领域，还是私人关系，无论是非营利组织，还是学术机构，我们都可通过互联网进行交流来提高自己的能力。得益于此，康奈尔大学的专家能够与可持续发展计划的支持者们交流。这些拥有专业知识与全新见解的交流能够帮助我们全方位发展。而那些来自缅因大学、蒙大拿大学、牛津大学、智利南部大学等高校的学生怀着强烈的热忱和好奇，持续交谈到深夜。

我们努力让每个地区的决策者明白"凡事皆有可能"，并以此为基础制定政策。公共土地信托的马特·齐珀（Matt Zieper）在介绍马萨诸塞州《社区保护法》（Community Preservation Act，CPA）的立法史及其影响时，发起了创新利用房产税的各种讨论。无独有偶，赫米利奥·罗萨斯（Hermilio Rosas）在阐述秘鲁近太平洋沿岸的卡拉尔（Caral）考古遗址能用作可持续发展基础的独特文化和生态资源时，被同行们问及如何在自己的国家得到此类资源。

本书以案例分析为基础，通过讨论来介绍创新的方法。它们是成对呈现的，来自北美和拉丁美洲两大地区的案例分别展现了本书的七个主题。

（1）在第一章中，智利南方大学林业科学系主任安东尼奥·罗拉（Antonio Lara）、智利 FORECOS 中心的罗西奥·乌鲁蒂亚（Rocío Urrutia）和"哈佛森林"（Harvard Forest）项目的大卫·福斯特（David R. Foster）总结了迄今为止我们取得的几项环境保护的重大成果，以及各个国家面临的严峻挑战。

（2）第二章侧重于税务和税收优惠相关的保护融资举措，为土地和生物多样性保护提供新的资金来源。Matt Zieper 简要介绍了马萨诸塞州开创先例的《社区保护法》。该法案以各个镇为基础，被当地选民逐步采用，并对房地产转让征收附加费。当地筹集的资金一部分可由国家支配，且必须用于土地环境保护、经济适用房建造或是历史保护。亨利·泰珀和维多利亚·阿隆索汇报了他们的工作——制定智利宪法的修正案。该法案创造了"真正的保护权"，为致力于土地保护权的工作提供了税收优惠的平行条款，还能在全国范围内激励私有土地保护。

（3）第三章的主题是有限开发。康奈尔大学的杰夫·米尔德（Jeff C. Milder）展示了在科罗拉多州乃至整个美国如何完成这一实践。何塞·冈萨雷斯（José Gonzales）和 Hermilio Rosas 对卡拉尔-苏佩特别考古项目计划（Proyecto Especial Arqueológico Caral-Supe，PEACS）有着独特见解。这一计划聚焦于秘鲁苏佩河谷（Supe River Valley）的卡拉尔考古遗址，是整个西半球最早的文明遗址之一。

（4）第四章主要研究微型、小型和中型企业在资助可持续发展工作中担任的角色。我和戴德丽·佩罗夫（Deidre Peroff）察觉到了生态棕榈（eco-palms）的快速发展。在美国，几乎每个州的教堂在庆祝"棕榈星期日"（Palm Sunday）时都会使用。生态棕榈的成功得益于明尼苏达大学和教堂服务团体支持的创造性营销活动，其资金来源于与《北美自由贸易协定》（North American Free Trade Agreement，NAFTA）相联系的一个委员会。之后布莱恩·米尔德（Brian Milder）让我们看到了精细策划下"草根资本"（Root Capital）的成功。他在加拉帕戈斯群岛（Galápagos Islands）担任战略和创意总监。该地将生态旅游可持续发展作为经济必需品，以资助环境友好型技术和专业实践的开展。

（5）第五章着重于环境保护投资银行——使用先进的投资银行手段资助环境保护。弗吉尼亚州阿灵顿（Arlington，Virginia）大自然保护协会（The Nature Conservancy）国际总部的格雷格·菲什拜因（Greg Fishbein）在"在瓦尔迪维亚漂流"（Rafting in Valdivia）一节中充分展现了从事复杂财政交易的曲折过程，包括智利的瓦尔迪维亚沿海保护区创立背后的创新型交易。接下来是金·埃利曼（Kim Elliman）和彼得·豪厄尔（Peter Howell）对于纽约开放空间研究所（Open Space Institute，OSI）环境保护贷款创新计划深入有趣的见解。

　　（6）第六章的重点是对将西半球大气中的碳封存于林木和土壤中的项目的财政资助。正如华盛顿特区环境保护国际基金会（Conservation International，CI）总部的本·维塔莱（Ben Vitale），曾为厄瓜多尔基多（Quito，Ecuador）的 CI 工作的路易斯·苏亚雷斯（Luis Suárez）和坦尼亚·洛萨达（Tannya Lozada）所描述的那样：如今作为一项至关重要的生态系统服务，CI 及其合作伙伴在拉丁美洲开创了森林碳汇（forest carbon sequestration）。劳丽·韦伯恩（Laurie Wayburn）对太平洋森林信托基金会（Pacific Forest Trust）完成的加利福尼亚范埃克森林项目（Van Eck Forest Project）的概述，记录了一项关键且具有开创性的努力，其影响在美国及其他地区的立法机构中仍有所记录。

　　（7）第七章探讨了从美国弗吉尼亚州海岸到哥斯达黎加的蒙特维德高地（Monteverde highlands）的非碳生态系统服务融资所起的关键作用。编写这一章的香农·梅耶尔（Shannon Meyen），首先介绍了生态系统投资合作伙伴（Ecosystem Investment Partners）在弗吉尼亚州的迪斯默尔沼泽（Great Dismal Swamp）进行的重要开发努力。最初，该地区的水资源被一群冒险家消耗殆尽，其中还包括乔治·华盛顿（George Washington）。其次还介绍了哥斯达黎加的开创性尝试——与小型和大型土地所有者合作，以保持其森林生物多样性，保护国家丰富多样的动植物栖息地，减轻那些最终可能导致水电站底部腐蚀的损害，以及保证高地流域的水质和水量。

　　这些章节并没能完全反映出会议中企业家们的丰富想法和高度热情。例如，有一个案例分析的作者在未来可能需要记述智利南部 AIFBN（Agrupación de Ingenieros Forestales por el Bosque Nativo）副总裁勒内·雷耶斯（René Reyes）领导的可持续木材计划日益增长的影响。只有时间才能证明，森林产品公司现在正开展的几项可持续性工作［如 MASISA（一个智利林业公司）的海梅·里德里格斯（Jaime Rodriguez）在会议上介绍的本土苗圃项目］是否符合里程碑式的环境保护创新的五项标准——新颖性、战略性意义、可衡量的有效性、可转移性和耐受能力。

　　同时，西半球的多个高校涌现出大量痴迷于环境保护融资的人才储备。参加会议的三十多名大学生代表着活跃在美洲的下一代环境保护专家的成长。例如，耶鲁大学森林与环境学院①硕士研究生 Jude Wu，在一篇名为《利用 CDFI 模型构想"终极"环境保护融资媒介》（"Using the CDFI model to envision the 'ultimate' conservation finance intermediary"）的论文中提出了她的新颖想法，她提交的论文被认为是北美学生在会议上提交的最佳论文。在牛津大学攻读硕士学位的玻利维亚公民贝尔纳多·佩雷多（Bernardo Peredo），提交了一篇关于"玻利维亚领土、生态系统服务和环境保护融资"观点的论文，被评为南美学生提交的最佳论文。

---

① 自 2020 年 7 月 1 日起，耶鲁大学森林与环境学院正式更名为耶鲁大学环境学院。

　　正如一位出席会议的专家所言，这些学生带来的活力是保持高度注意力和最大可能性的"秘密调料"。可以明确的是到正式会议的第三天，其中一部分年轻人肯定会继续跟进创造永久价值的环境保护项目。

　　这样做不仅仅是出于必要。21世纪注定是可持续发展的转折点，我们可以自信且永久地在全球范围内创造价值，使地球上的人类和野生动物得以延续。无论是梦想，还是交易，或是赖以生存的法则，我们都必须始终重视这一根本的愿望。正如亚伯拉罕·林肯在他的第一次就职演说中所强调的："即使没有明确表达，所有国家政府的基本法中都隐含了永恒性。"

　　我们撰写这一本书，目的是探索一些适用于瓦尔迪维亚的想法和举措以推动景观、生态系统和生态系统服务方面的可持续管理工作。这是我们下一代所依赖的。

参 考 文 献

Gutiérrez，N. 2009. En buenos tiempos y en los otros：Siempre hay recursos para la naturaleza. English trans. M. Renteria and J. Levitt. El Mercurio（20 January）. http://diario.elmercurio.cl/detalle/index.asp?id={f459fbbb-ed9d-412e-b5e7-454c3e7abefd}.

Levitt，J. 2009. New publications from the conference on Conservation Capital in the Americas. Conservation Innovation Update. http://harvardforest.fas.harvard.edu/research/pci/second2009.pdf.

Lincoln，A. 1861. First inaugural address（March 4）. In Abraham Lincoln：Speeches and writings，1859-1865. New York：Library of America，217.

Obama，B. 2009. The inaugural address. New York：Penguin，11.

前　言

2009 年 1 月 20 日，奥巴马宣誓成为美国第 44 任总统。而在前一天，我非常荣幸能够在"美洲环境保护资本"大会的闭幕仪式上讲话。这次会议在智利首都圣地亚哥以南 500 英里^①的瓦尔迪维亚的一个大学城内举行。随着会议召开数月，环境保护融资的最佳时机已经来临。智利政府正努力解决一系列自然资源保护公共政策的问题。而美国奥巴马政府也做出改善环境管理、对气候变化采取措施的承诺。由此看来，这场恰逢其时的会议可以将环境保护融资领域的领导者们聚集在一起。

我们如今生活在"地球村"，面临着诸多紧迫的问题。其中一项就是对土地和地球自然资源的保护。智利是在创新环境保护融资的实践中代表西半球的总体情况的理想东道国。它的大部分土地已经得到了保护，无论是公园用地还是保护区。除了相当一部分土地受到保护之外，智利在其他方面表现也十分出色，如持续增长的营利性林业、致力于环境保护的民间团体、优秀的大学基础建设、有效的法律体系等。此外，还有私营部门参与环保工作这一重要传统。

大约 20 年前，美国和智利的环境保护主义者联手创建了智利的第一个私营公园——埃尔卡尼保护区（El Cani Reserve），并在关键的林业教育项目上展开合作。从此，私营部门引领的保护举措越来越多地被智利和国际保护组织采用。其中包括奇洛埃（Chiloé）的坦托科公园（Parque Tantauco）、瓦尔迪维亚沿海保护区（Valdivian Coastal Reserve，VCR）、扑满公园（Parque Pumaín）、科尔科瓦多保护区（Corcovado Reserve）、艾森（Aysén）的查卡布科公园（Parque Chacabuco）和火地岛（Tierra del Fuego）的卡鲁金卡自然公园（Parque Natural Karukinka）。这些公共及私营保护区的参观游览已成为智利经济的主要增长点，生态旅游在很大程度上依赖于此。以上都是这次会议召开的良好基础。除此之外，还要特别感谢吉姆·莱维特（Jim Levitt）和安东尼奥·罗拉、哈佛大学洛克菲勒拉丁美洲研究中心（David Rockefeller Center for Latin American Studies，DRCLAS）、林肯土地政策研究所以及智利南方大学东道主的支持。

在智利与美国开展这一空前的环境保护合作之际，我很幸运能够担任美国驻智利大使。米歇尔·巴切莱特（Michelle Bachelet）总统领导的政府对环境保护具

---

① 1 英里≈1.61 千米。

有显著贡献，目前正在探索建立一个运用"真正的保护权"的法律体系。其中，私有土地所有者如果积极保护地产上的自然资源，将会获得经济奖励。另外，巴切莱特内阁制度下的能源部和环境部也在着手建立。其中能源部不仅重视能源安全，更重视能源多样化，尤其是清洁和可再生能源——智利蕴藏丰富的原材料（太阳能、风能和地热能源），拥有得天独厚的优势。

美国的奥巴马政府也相当坚守自然环境保护的信条。《美国复苏与再投资法案》（American Recovery and Reinvestment Act）的通过，保证了数十亿美元将用于绿色就业培训项目、可再生能源研究以及其他节能举措。为提高可再生能源的燃油经济标准和投资，奥巴马政府已采取相应措施。他大胆承诺：2050年温室气体排放量将减少80%。这不仅为新技术的发展创造了强劲动力，还鼓励了重新造林等环境保护举措。

我们的双边环境合作协议（Environmental Cooperation Agreement）是美国和智利之间绿色伙伴关系的核心。该协议实施于2004年《美国—智利自由贸易协定》（United States-Chile Free Trade Agreement）的背景之下，是其重要举措之一，同时也是美国约塞米蒂国家公园（Yosemite National Park）与智利托雷斯德尔潘恩国家公园（Parque Nacional Torres del Paine）之间建立姊妹公园的协议。2009年5月，我有幸在托雷斯德尔潘恩国家公园的五十周年纪念会上发表演讲。公园的核心——科迪勒拉德尔潘恩（Cordillera del Paine）位于麦哲伦（Magellanic）次极地森林和巴塔哥尼亚大草原之间的过渡区。那里有着令人叹为观止的山脉、冰川、湖泊、河流景象。这四种不同的生态系统是智利真正的国宝。

在"美洲环境保护资本"大会期间，智利官员和公园代表强调了智美两国的共同努力及其为公园带来的巨大效益。计划的具体内容包括：标志改善、小道维护；保护管理栖息地的护林员交流培训；专为智利公园（Parques para Chile，PPC）护林员制定的英语教学项目，便于与日益增加的国际生态游客互动。这个特别的计划取得了巨大的成功，因此旧金山的金门公园（Golden Gate Park）和智利首都圣地亚哥的大都会公园（Parque Metropolitano）又签订了第二份协议。

国际自由贸易协定为政府在环境保护上的合作提供了绝佳的机遇，私营部门的举措在未来数年间将变得极为重要。每一个国家都面临环境保护的问题。而地球是我们共同的财富，对地球资源实现良好管理是所有人都必须承担起的责任。然而在经济或政治不稳定时期，自然界的需求可能会被更引人注目的话题掩盖。

如今我们面临着令人生畏的经济挑战，但并不意味着环境保护可以被忽视。我们必须加倍努力来满足这一行星的需求。2009年1月"美洲环境保护资本"会议之所以取得成功，也正是出于这一原因。这项会议召集了120位世界环境保护金融专家展开对话，分享经验，同时也巩固了彼此的关系，在很大程度上消解了人们的自满情绪。会议结束后，重新焕发活力的与会者返回各自国家，随时准备迎接新的挑战。他们的努力鼓舞了我——不仅是因为他们自己的成功，更是对这一份事业的奉献和承诺。我相信他们的工作也将会鼓舞其他人。正如奥巴马总统在 2009 年 4 月 22 日的地球日宣言中所说：

"我们必须努力保护环境，确保家园的安康。只有这样，我们才能在儿孙绕膝、颐养天年之际与他们同享地球所赐予的伟大恩泽……这样不仅是为了感谢环境在人类发展中起到的关键作用，同时也明确了世界各国在生态上相互依赖的关系。历史经验也已证明一分耕耘，一分收获。再一次，让我们打造一个为所有人慷慨提供收成的世界，不仅是为了今天的世人，更是为了明天无数代后人。"

——美国驻智利大使保罗·西蒙斯

鸣　谢

"美洲环境保护资本"会议以及本书已经酝酿了三年多。我非常感谢那些提供机构、财政、专业层面知识和个人支持的线上社区同事。这里提及的个人或团体名称如有疏忽，都是我的责任。

首先，我非常感谢组织赞助商付出的时间、精力和耐心。安东尼奥·罗拉和他在智利南方大学的团队为会议参与者和本书撰稿人提供了丰富的专业合作，一个无比美丽的工作场地，以及丰富的后勤支持。智利南方大学的校长维克托·库比略斯（Victor Cubillos）、研发主任埃内斯托·祖勒姆祖（Ernesto Zulemzu）、公共关系主任弗朗西斯哥·莫雷（Francisco Morey）和布伦达·罗马（Brenda Roman）领导的大会工作人员，都确保我们始终走在富有成效的路线上，并且在会议筹备和进行期间的旅途中给予了我们十分周到的照顾。

林肯土地政策研究所的阿曼多·卡伯内尔（Armando Carbonell）和丽莎·克劳蒂（Lisa Cloutier）一直以来都是忠实的支持者，为会议和书籍提供了重要指导。事实上，近十年来，林肯土地政策研究所一直都支持我在环境保护融资和创新领域的大部分活动。林肯土地政策研究所所长格雷戈瑞·英格拉姆（Gregory K. Ingram）和所有研究所工作人员一直对这一调查路线充满信心。

高威尔·里兹维（Gowher Rizvi）是哈佛大学肯尼迪政府学院 Ash 民主治理与创新中心的前主管，他很早就支持出版一本关于保护融资国际创新的书籍，他慷慨地提供了资助，并把这项资助作为创新项目的二十周年计划的一部分。我对他的同事也饱含感激之情，包括吉姆·库尼（Jim Cooney）、丹·吉尔伯特（Dan Gilbert）、史蒂夫·戈德史密斯（Steve Goldsmith）、莫琳·格里芬（Maureen Griffin）、布鲁斯·加肯（Bruce Jackan）、埃米莉·卡普兰（Emily Kaplan）、克里斯汀·马钱德（Christine Marchand）、马蒂·莫齐（Marty Mauzi）和卡拉·奥沙利文（Kara O'Sullivan）。还要感谢肯尼迪学院的大卫·卢伯欧夫（David Luberoff）和阿恩·豪伊特（Arn Howitt），他们总能迅速地提供宝贵的意见。

哈佛大学的洛克菲勒拉丁美洲研究中心在整个会议规划和实施阶段提供了宝贵的建议，以及后勤和经济支持。洛克菲勒拉丁美洲研究中心智利圣地亚哥区域办事处的主管史蒂夫·赖芬贝格（Steve Reifenberg），在案例研究的第一次谈话中就参与进来，并且一直待到最后一批会议参与者安全地回家。我非常感谢史蒂夫，以及美国和智利办事处的整个团队，包括：马塞拉·里特里亚（Marcela Renteria），这位出色的工作者察觉到了可想到的每一个会议细节；马克斯·毛里斯（Max Mauriz），曾多次为剑桥办事处提供人员和资源支持；凯西·阿克瑞德（Kathy Eckroad），剑桥办事处的执行董事；麦日丽·格林德尔（Merilee Grindle），DRCLAS 的主管和哈佛大学肯尼迪学院的资深成员。

"哈佛森林"（Harvard Forest）是我在保护创新和保护融资论坛（Conservation Finance Forum）的工作基地。负责人大卫·福斯特是一位有远见的环境保护者。他和他在保护科学和政策方面的合作者，包括"彼得舍姆环球旅行者"（Petersham Globetrotters）整个团队，正在为新英格兰及其他地区的保护社区开辟新的方向。他对环境保护政策的一贯兴趣，对保护历史的独特见解，以及对保护融资调查的慷慨支持，都是这项工作的基础。

还要感谢福雷斯特·伯克利（Forrest Berkley）和玛西·蒂雷（Marcie Tire）；环境领导力和培养计划（Environmental Leadership and Training Initiative）（史密森学会和耶鲁大学林业与环境学院的联合计划）；贝奇和杰西·芬克基金会（Betsy and Jesse Fink Foundation）；地平线基金会（Horizon Foundation）；缅因州海岸遗产信托基金（Maine Coast Heritage Trust）；公共土地信托基金（Trust for Public Land）。谢谢他们提供的平台和经济支持，让北美和南美学生能够参加会议。

特别感谢凯瑟琳·伯尼（Katherine Birnie）、斯托里·克拉克（Story Clark）、安娜·米尔科瓦斯基（Anna Milkowski）、布赖恩·希林洛（Brian Shillinglaw）和Matt Zieper，他们帮助招募了申请会议奖学金的学生，然后根据他们提交论文的质量从大量候选者中选出了获奖者。正如齐珀在给哈佛大学校长德鲁·吉尔平·福斯特（Drew Gilpin Faust）的一封会后信中所描述的那样，20 多名大学生和研究生的热情参与为会议增添了一种特别的求知火花和对保护及可持续发展的热情。

在会议召开和本书撰写中，密切协助我最多的两个人是项目规划早期阶段的研究助理 Deidre Peroff 和负责会议实施细节的莉齐·里尔登（Lizzie Reardon）。我期盼着他们在各自的领域成为技术高超的专业人士。

我的家人在很多方面都为本书做出了贡献，我的妻子简（Jane），以及孩子威尔（Will）、丹（Dan）和劳拉（Laura）在我潜心工作时表现出极大耐心，以及我岳父伯特·伯克利（Bert Berkley）和嫂子珍妮特·杜布拉瓦（Janet Dubrava）都给予我热情帮助。简、伯特和珍妮特甚至真的前往了智利参加会议。

几位编辑全程监督了会议使用手稿以及此书的准备工作。香农·梅耶尔不仅撰写了两节，还负责统领其他作者的工作，同时还编辑了会议案例研究版本的手稿。多蒂·威廉斯（Dottie Williams）在准备将终稿上交给林肯土地政策研究所时，帮助重新编排及编辑了这些内容。林肯土地政策研究所出版物的高级编辑和出版主管——安·勒鲁瓦耶（Ann LeRoyer），在本书准备出版时，还是一如既往地亲切并恰当地坚持了高标准要求。维恩协会（Vern Associates）的布赖恩·霍奇基斯（Brian Hotchkiss）和彼得·布莱瓦斯（Peter Blaiwas），他们作为最终文字和制作编辑及设计师，专业熟练地完成了此书的制作，他们都是绅士和学者。我向你们所有人表示感激，谢谢你们的关切合作。

　　我将最深切的感激留给本书各章节的作者和瓦尔迪维亚会议的参与者，他们以各种方式做出了重大贡献。你们正在定义美洲保护融资创新的未来。我很荣幸能与大家一起工作。

　　这本书的出版是为了致敬托马斯·莱维特（Thomas W. Levitt）。托马斯对他工作的城市和乡村地区的无限热情，对社区的坚定承诺，以及对家庭深远的爱，无论是在他深爱的土地上，还是在我们心中，都留下了宝贵持久的财富。兄弟，我们会尽力跟随你的脚步。

——詹姆斯·莱维特

韦弗利，马萨诸塞州

2009 年 9 月

目　　录

第一章 挑 战

对于终日努力筹集资源以实现"土地和生物多样性保护"这一颇具雄心的项目的环境保护主义者来说，保护融资（conservation finance）和保护资本（conservation capital）是比较熟悉的术语。而对于其他人来说，这两个词可能还需要定义。布莱尔·布雷弗曼（Blair Braverman）是参加瓦尔迪维亚会议的学生之一，她在一篇科比尔学院（Colby College）的博客文章中解释了术语使用的难点（Braverman，2008）。

（1）2008年11月初，环境研究和生物部门发布了关于征文比赛的公告。比赛的获胜者将获得一次免费旅行——参加2009年1月在智利瓦尔迪维亚举行的"美洲环境保护资本会议"。我立刻决定参加这次比赛，准备用一篇六页的论文来描述一个保护融资的创新事例，以展示其难度。

（2）事实证明，确实挺难的。首先，我竭尽所能也找不到保护融资的定义。我之前从未听过这个词，在谷歌和维基百科上也找不到答案。我询问了我的教授，他的答案也有些矛盾。最后我决定假设保护融资与资助保护（financing conservation）是相同的意思，并在这一基础上开展我的研究。

Blair是对的。她的定义基本上与林肯土地政策研究所召集的一群保护学家所得出的定义一致。近年来，该小组就最具创新性的保护融资形式进行了交流，即保护学家如何资助保护项目，并为保护领域带来新的资金来源。

这项研究的第一阶段创作了一本专注于2004年至2005年美国的保护融资创新理念的书——《从瓦尔登到华尔街：保护融资前沿》（*From Walden to Wall Street: Frontiers of Conservation Finance*）（Levitt，2005）。此外还有Clark（2007）、Ginn（2005）、Hopper和Cook（2004）、McQueen和McMahon（2003）。这些成果为越来越多开设保护融资课程的高校以及相关从业人员树立了严格的标准。

然而，正如在所有领域创造力都会发挥作用一样，在不同情况下我们对保护融资和保护资本的理解会有所差异。正如Jeff C. Milder在"美洲环境保护资本会议"期间指出的那样，我们需要一些对应的资本形式来完成通常的保护项目，并为这些项目提供特别的资金。金融资本肯定是其中之一。但是，成功完成保护项目及其融资还需要：自然资本——我们希望保护非常重要的自然资源；社会资本——这些因素有助于让长时间努力工作的群体保持连贯性和持久性，以达到保护倡议的需求；人力资本——通过教育和经验获得技能和知识，环境保护学家能够完成自己的工作。

此外，保护融资从业人员的工作环境也随着时间而变化。第一节的重点，正是分属两个不同大陆的两个国家。如今保护协议交易者所面临的机遇和挑战与20年前大不相同。诚如 Antonio Lara 和 Rocío Urrutia 所解释的那样，在智利，环境保护学家正面临着在该国经济发展较集中的中部和北部扩大保护区的挑战，以便有朝一日能够与南部地区预留出的大面积土地相媲美。这些保护从业者现在可以寻找公有或私有资本来源。实际上，过去十年智利用于资助保护的私有资金发展极为迅猛。正如 Lara 和 Urrutia 所述，智利人逐渐意识到南美洲南端的生态系统服务市场拥有资助景观规模项目保护的巨大潜力。由此，作者的结论是：对这些市场的利用可能会对未来数年国内保护活动的范围和规模产生重要影响。

再来看看新英格兰（New England）。在第二节中，大卫·福斯特解释了该地区的森林在过去一个世纪中是如何复兴的。该地区森林建设的成果令人惊叹，部分归功于当地首次使用的保护融资手段。例如，19世纪90年代，由马萨诸塞州大都会公园委员会（Massachusetts Metropolitan Parks Commission）对用于收购区域公用场地的公共资金进行分配；20世纪50年代，大自然保护协会在康涅狄格州边界的纽约对具有高生态价值的土地进行保护；20世纪70年代在缅因州（Maine）开创了一次实践，对保护地役权对土地信托捐赠而产生的联邦慈善税进行了一次减免；此外，在20世纪80年代和90年代，来自北部森林的联邦森林遗产计划（Forest Legacy Program）部署了资金，该计划从纽约州的阿迪朗达克山脉（Adirondack Mountains）延伸到新英格兰的佛蒙特州（Vermont）、新罕布什尔州（New Hampshire）以及缅因州。

福斯特指出的挑战之一是在新英格兰地区重新造林。在20世纪的最后几十年，这一保护活动开始逆转。如果没有同时代人的共同努力，一波难以扭转的发展浪潮可能会导致永远失去这些环境效益。福斯特在与树林委员会的合作中振作起来，尝试了新的融资手段，如将小型森林地块集合成更大的保护地块。这些项目可能更容易通过传统手段获取资金，如森林遗产计划基金，或其他新兴的资金来源，如 Lara 和 Urrutia 指出的生态系统服务市场。目前尚不清楚哪些融资来源是最重要的，但可以明确的是创新者为克服不断增加的挑战将付出加倍的努力。

参 考 文 献

Braverman，B. 2008. Chile，baby！*Inside Colby*（November 22）. www.insidecolby.com/blogs/index.php

Clark，S. 2007. *A field guide to conservation finance*. Washington，DC：Island Press.

Ginn，W. 2005. *Investing in nature：Case studies of land conservation in collaboration with business*. Washington，DC：

Island Press.

Hopper, K., and E. Cook. 2004. *Conservation finance handbook*. San Francisco: The Trust for Public Land.

Levitt, J. 2005. *From Walden to Wall Street: Frontiers of conservation finance*. Washington, DC: Island Press.

McQueen, M., and E. McMahon. 2003. *Land conservation financing. Washington*, DC: Island Press.

第一节 自然环境保护逐渐增长的重要性——智利的经历

Antonio Lara 和 Rocío Urrutia

智利位于南美洲东部安第斯山脉和西部太平洋海岸之间的一条狭长地带，南北延伸超过 4000 公里，抵至大陆南端。智利气候多样，北部和中部（18°S～35°S）是沙漠和半干旱地区，以荒地、灌木林和草原为主，拥有着较高的生物多样性和地方特殊性。在过去的三个世纪里，人类活动对这一地区产生了重大影响，这一地区集中了国家的人口、经济、灌溉农业等诸多要素。

往南随着降水量的增加，森林开始出现，形成了毗邻阿根廷（35°S～48°S）的瓦尔迪维亚雨林生态区。世界自然基金会（World Wildlife Fund，WWF）和世界银行发起的全球 200（The Global 200，WWF 确认的优先保护的生态区列表）倡议，将这些独特的生态系统列为全球最高的保护优先级（Olson and Dinerstein，1998）。这些森林具有较高的生物多样性和特殊性，因此它们具有极高的保护价值。这片森林同样面临着人类活动的威胁。在这片森林中，最令人惊叹的是那些长寿的树木，如山达木（alerce）、智利柏（*Fitzroya cupressoides*），它们可能在这里存活超过了 3620 年（Lara and Villalba，1993）。目前，生态区森林面临的主要威胁是人为火灾、农牧场的土地清理、选择性开采、破坏生态平衡的砍伐、快速生长的外来树种——如辐射松（*Pinus radiata*）和桉树（*Eucalyptus*）（Echeverría et al.，2006；Lara et al.，2006）。

再往南是巴塔哥尼亚（Patagonia）南部（48°S～56°S）。这里以岛屿、峡湾、湖泊、森林、草原、冰原和贫瘠土地为主。虽然目前这个偏远的大面积地区仍基本维持在原始状态，但其生态系统仍具有极高的保护价值。此处亦面临多种威胁，如鲑鱼养殖业的扩大，以及目前正在规划的大型水电项目的引进。

智利的经济依赖于自然资源的开采和出口，如采矿、农业、种植业、渔业、水产养殖等活动。随着这些产业在出口需求增长的推动下持续增长，智利的环境保护学家面临着重大的挑战——如何寻找创新途径使得发展和保护兼容。

在这样的环境下，本节主要介绍近年来智利政府和私营保护组织取得的一些重大进展。我们将重心放在智利中南部和巴塔哥尼亚（35°S～56°S），并且将生态系统服务视为智利环境保护的一个绝佳机会。

一、政府部门的进展与挑战

1994 年，智利政府批准了《生物多样性公约》（Convention on Biological Diversity），保护政策取得重大进展。2003 年 12 月，国家环境委员会（Comisión Nacional de Medio Ambiente，CONAMA）批准了《国家生物多样性战略》（National Biodiversity Strategy）。战略中关于物种的内容如下："在生态系统中，在物种和基因层面上，为促进代表性生物的多样化能够长期生存，首先要在 2010 年前保护每个最相关生态系统至少 10%的占地面积。"（Gobierno de Chile and Comisión Nacional de Medio Ambiente，2003）。

2005 年，智利政府进一步采取措施，通过制定一个国家保护区政策（National Policy on Protected Areas）来保护国家的自然资源。该政策认可了"确定一个由政府和私营组织共同拥有和管理的国家水陆保护区系统"的必要性，并充分代表了智利的生物和文化多样性。智利南部的重要地区受到国家和私有保护。

国家公共保护区系统（The National System of Public Protected Areas，SNASPE）占地 1430 万公顷（35 336 070 英亩，或 143 000 平方千米）[①]，约占智利土地总面积 75 609 600 公顷的 19%。大多数保护区位于智利南部，在 44°S 和 56°S 之间，包括行政区域XI和XII（图 1.1）。该地区的近 50%都包含在 SNASPE 中。相比之下，

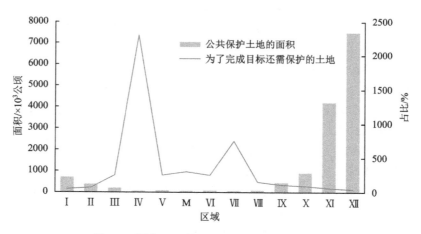

图 1.1　国家公共保护区系统及其表示的差距

资料来源：Squeo（2003）

柱形表示了智利每个行政区域的公有保护区的面积（左）。实线展现了达到每个地区拥有 10%植物区域的目标所需的额外还要保护的土地（右）。区域X还包括了 2007 年创建的区域XIV

[①] 1 公顷 = 0.01 平方千米≈2.471 053 85 英亩。

智利北部（18°S～26°S，包括Ⅰ区、Ⅱ区和Ⅲ区）只有 5%到 10%的土地面积包括在 SNASPE 内。在智利中部（29°S～36°S，包括Ⅳ、Ⅴ、Ⅵ、Ⅶ和 M①区），包括在 SNASPE 中的土地则少于 1%。

代表性植物群落被作为生物多样性的现有指标。为了在区域基础上（不包括受私人保护的土地）实现保护 10%代表性植物群落的目标，在最南端的行政区域中大约有 5%至 15%的额外公共土地需要受到保护。北部则有额外的 30%到 50%的土地需要保护。在智利中部，为了实现保护国家每个地区 10%的相关生态系统的目标，受保护土地的数量大幅度增加。例如，在第Ⅳ区（Squeo，2003），受保护的土地数量增加了 23 倍。简单来说，智利所有地区都必须实施更加平衡的土地保护战略，以实现全国范围内增加保护土地 330 万公顷的目标。

令人振奋的是，在《国家生物多样性战略》的基础上，保护工作在过去几年中得到持续进展。最近的进展包括 2005 年创建的科尔瓦多国家公园，覆盖了近 30 万公顷的土地（43°11′S～43°77′S）。还有 2005 年在合恩角（Cape Horn）新建的两处"联合国教科文组织生物圈保护区"（United Nations Educational，Scientific and Cultural Organization Biosphere Reserves），以及 2007 年的安第斯山脉南部的温带雨林地区。安第斯南部项目是一个两国合作项目，包括了智利的 220 万公顷土地和阿根廷的 230 万公顷土地。

在实施三个全球环境基金（Global Environment Fund，GEF）项目时，我们取得了进展，2005 年至 2013 年期间共资助了 7000 万美元。这一数额由智利政府和私营组织共同合作筹资。这些项目着重于在智利建立一个完整的保护区系统，保护并持续利用温带瓦尔迪维亚雨林及沿海海洋生态系统。

保护政策方面，最重要的进展可能是《原始森林法》（Native Forest Law）经历了多年讨论，终于在 2008 年 7 月颁布。该法律为实现可持续森林管理和保护土地所有者提供了经济鼓励措施。对土地所有者的多阶段经济鼓励将达到每公顷 77 美元至 300 美元。这些资金会被用于具有高生态价值森林的保护活动——在开放区域种植当地物种，恢复退化森林，控制入侵物种，以及修筑栅栏。经过初步实施之后，这项法律对促进实地保护的有效性将会受到评估。

二、新建保护区：迅速增长的私营和非政府组织的努力

1997 年智利和美国的媒体广泛报道了由美国公民道格拉斯·汤普金斯（Douglas Tompkins）建立的普马林公园（Parque Pumaín）（317 000 公顷）。该公园拥有智利南部最令人惊叹的生态系统和景观。尽管普马林公园可能是最著名的私人保护

---

① M 代表大城市，即 Metropolitana。

区，但它只是私人新建保护区的冰山一角。过去十年中，智利见证了私有自然保护区创建的动态过程——约500个自然保护区受到了保护，总面积达150万公顷。这些土地的66%为个体拥有（Sepúlveda，2006）。

其中，有面积从35 000公顷到317 000公顷不等的10个地区集中在40°S以南，占地约100万公顷。如图1.2所示的是个体及小型团体拥有的许多其他土地，建于1997年至2005年之间，面积从几公顷到几千公顷不等。1997年至2005年间，个人、私人团体、非政府组织保护的土地数量稳步增加（Lara et al.，2006）。

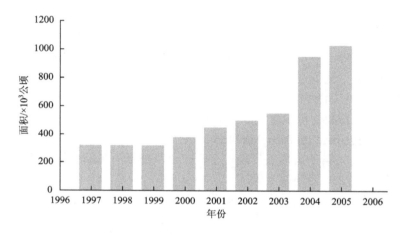

图1.2　1997年至2005年间累积的受到私有保护的土地，仅涵盖大于35 000公顷的南部40°S的区域

资料来源：Lara等（2006）

这些最大的私有保护区中有许多受到国际非政府组织（non-governmental organization，NGO）的保护，如大自然保护协会和野生动物保护协会（Wildlife Conservation Society），以及智利基金会。这些基金会通常与大公司或控股公司有所关联。

私人区域费用的现有数据的初步评估表明，对于700公顷至1000公顷的小面积土地，每公顷的购置成本在294美元至409美元之间。对于面积较大的自然保护区，平均每公顷花费相对较低（例如，60 000公顷的保护区每公顷收购成本为126美元）。小型保护区的年度运营开销在每公顷9.3美元至18.9美元之间，大型保护区每公顷的运营开销在1.5美元至24美元之间（表1.1）。大量的研究资金可能是导致高价的原因。

表 1.1　私有保护土地的投资

面积/公顷		收购成本/(美元/公顷)	运营开销/[美元/(公顷·年)]
小型	700	294	18.90
	1 000	409	9.30
大型	35 000		24.00
	60 000	126	5.20
	300 000		1.50

资料来源：与 P. Troncoso，L. Pezoa，B. Saavedra，C. Little 的私下交流

相比之下，在智利中部地区Ⅳ、Ⅴ、M 和Ⅷ（每个地区的面积从 13 000 公顷到 38 000 公顷不等）包含在 SNASPE 里的地区，政府保护区每公顷的年度运营开销从 25 美元到 36 美元不等。总面积在 80 万公顷至 750 万公顷之间的保护区通常在 40°S 以南的区域，每年每公顷的运营开销减少到 0.27 美元至 1.88 美元［智利国家森林公司（Corporación National Forestal），私下交流］。

目前全国保护区的平衡工作致力于解决智利中部和北部生物多样性保护不足的问题。智利价值极高的大型私有保护区集中在 40°S 以南，因此它们对这一工作贡献极小。

私有保护区的另一个缺点是缺乏法律框架的永久保护。此外，除了某些森林的土地税豁免外，收购或管理私有土地的经济激励措施很少。虽然 1994 年通过的 19300 号法律（Law 19300）宣布国家将促进和鼓励私有保护区的建立，但收效甚微。一个重要的变化是 2008 年批准了《原始森林法》。该法规定，收购者在根据森林所有者的管理和保护鼓励措施进行筛选后，通过的可以申请经济鼓励。

智利目前正在酝酿一项新举措，意欲创立并通过一项法律：允许私有土地所有者在指定土地上实施"真正的保护权"，以确保对该土地的永久保护。自 2008 年以来，智利一直为了这项工作而努力。目前负责推进该项目的团队包括私营商人、政府行政人员、智利立法者、非政府组织代表和律师。这一法律要求修改智利宪法，但需要在国会达成共识后才能通过。

三、生态系统服务：智利自然保护的一个绝佳机会

智利正在进行的研究足以表明原始森林在提供直接或间接益于社会的生态系统服务中发挥着至关重要的作用。带来的益处不仅包括提供水源、发展旅游业、提供休闲捕鱼机会，还能够维持土壤肥力（Lara et al.，2003；Nahuelhual et al.，2007；Lara et al.，2009）。世界上不同地区生态系统服务的退化可以归咎于它们没有得到充分的量化，并且在大多数情况下缺乏市场价格（Costanza et al.，1997；

Nahuelhual et al., 2007；Lucke, 2008)。生态系统服务的量化和经济评估的进展，将使森林和其他生态系统的保护和管理在决策中得到考虑。

2002 年，量化智利南部原始森林的供水和休闲渔业生态系统服务（39°50′S～42°30′S）的研究项目开始启动。Lara 等（2009）记录了流域内原始森林覆盖率与旱季（夏季）径流系数间的正相关关系，以及该系数与外来种植园百分比间的负相关关系。正负相关关系均具有统计学意义。夏季总流量作为水产量的指标，平均每增加 14.1%，就意味着流域内原始森林覆盖率增加 10%。反之，意味着原始森林减少 10%。

研究人员对原始二次生长假山毛榉（Nothofagus）进行间伐，对两个成对流域之间的流量变化进行了分析，在没有干预时，其中一个 35% 的基底面积被去除后，移除树木的流域年流量将增加 19.7%，夏季期间增加 40%。这表明通过移除一定树木来充分管理森林中的水产量和木材产量之间存在相容性。

最后，研究人员通过统计鳟鱼的产量，评估休闲渔业作为一种生态系统服务的价值。沿着溪流的 1000 米×60 米缓冲区中，原始森林覆盖率每增加 10%，鳟鱼产量增加 14.6%，体现了两个变量之间存在着重要的正相关关系（Lara et al., 2009）。

其他研究则各自利用如旅行费用和生产函数等方法，估算了智利的休闲业机遇和饮用水供应作为森林生态系统服务的经济价值。这些研究估算结果如下：当一个国家公园的所有区域都包括在内时，每年每公顷可获得 1.6 美元至 6.3 美元的娱乐休闲机遇。当只考虑该国家公园的集中使用区域时，每年每公顷的经济价值在 35 美元到 178 美元之间。与维持该地区相关生态系统服务所需的 1.5 美元到 9.3 美元的运营开销相比，获得的收益十分可观（表 1.2）。

表 1.2 不同生态系统服务的经济估价与私有保护土地运营开销的对比

生态系统产品及服务	经济价值/[美元/（公顷·年）]	运营开销/[美元/（公顷·年）]
土壤肥力的保持 [1]	26.30	18.90～24.00
休闲消遣的机会 [1]	1.60～6.30（整个公园） 35.00～178.00（集中使用区域）	1.50～9.30
饮用水供应 [2]	61.00～162.00	

资料来源：1 Nahuelhual 等（2007）；2 Nuñez 等（2006）

就生态系统服务的饮用水供应价值而言，瓦尔迪维亚市供水的流域估计为每年每公顷 61 美元至 162 美元。当流量减少时，最高价值相应出现在夏季（Nuñez, et al., 2006）。这些价值与其运营成本相比也十分可观。通过比较，我们得知此类服务的估计价值远远大于运营成本。如果建立了生态系统服务价值的支付体系，这一体系就可以涵盖运营成本（就饮用水服务而言），甚至可能为保护工作提供额外的资源。

原始森林提供生态系统服务的经济价值可能会改变对森林保护的社会偏好。它还应促进新保护区的建立和木材生产地区的可持续管理。我们期望生态系统服务的评估和经济估值能够为建立"生态系统服务支付体系"（Payment for Ecosystem Services，PES）提供基础。这将涉及政府、生态系统服务的个体供应商，以及生态系统服务的用户或消费者。

四、结论和建议

2000 年至 2010 年间，智利在保护领域取得了重大进展，尤其是制定土地和生物多样性保护战略方面。这与智利批准的《生物多样性公约》一致，并且这项工作将继续进行。2008 年批准的《原始森林法》是另一项重要成就，预计将对该国"工作土地"（森林、牧场和农场的集合）的保护产生积极影响。个体、小型私营团队、公司、基金会以及大型跨国非政府组织也在创立大型新的私有保护区上取得了显著进展。

人们的热情日益高涨，保护活动逐年增加，我们看到致力于建立智利永久保护私有土地框架的人力资本、自然资本、金融资本在持续增长。智利的保护地特别工作组为竭力建立"真正的保护权"而付出，这对智利未来的环境保护意义重大。

尽管关于建立"生态系统服务支付体系"的政策尚未制定实施，但我们仍在量化智利天然森林提供的生态系统服务。不仅如此，为生态系统服务提供经济价值的工作也取得了重大进展。

我们建议：为私有土地保护的"生态系统服务支付体系"建立法律框架，并使其能够适时修改。政府还应加大努力，在其保护区内涵盖一个具有充分代表性的重要生态系统样本，尤其是在智利中部和北部。进一步的发展也是必要的，以确保受水电和鲑鱼养殖发展威胁的河流、湖泊、河口、峡湾和其他沿海海域的保护目标和战略得以实现。

我们要继续探索如何维持生态系统服务，使这一服务与鲑鱼养殖、旅游业和林业的持续快速增长（每年高达 15%）、智利南部计划的水电消耗的快速增长相适应，这一点非常重要。对智利生态系统服务的范围、规模、经济价值的研究，可以为自然资源利用的决策提供信息，从而有助于在保护和发展之间建立越来越坚固的桥梁。

五、鸣谢

我们非常感谢 FORECOS Scientific Nucleus（P04-065-F）的支持，Fondecyt

资助金 1050298，以及来自美洲全球变化研究所 CRN Ⅱ #2047 的资助，这个资助得到美国国家科学基金会（Grant GEO-0452325）的支持。我们感谢 C. Little、G. Michea、L. Pezoa、B. Saavedra 和 P. Troncoso 提供了私有受保护土地的开销信息，以及感谢 Aldo Farías 为整理这些图表提供的帮助。

六、参考文献

Costanza, R., R. D'Arge, R. De Groot, S. Farber, M. Grasso, B. Hannon, K. Limburg, S. Naem, R. O'Neill, J. Paruelo, R. Raskin, P. Sutton, and M. Van den Belt. 1997. The value of the world's ecosystem services and natural capital. Nature 387: 253-260.

Echeverría, C., D. Coomes, J. Salas, J. M. Rey Benayas, A. Lara, and A. Newton. 2006. Rapid deforestation and fragmentation of Chilean temperate forest. *Biological Conservation* 130: 481-494

Gobierno de Chile, Comisión Nacional de Medio Ambiente. 2003. National Biodiversity Strategy of the Republic of Chile. (December). www.cbd.int/countries/?country=cl

Lara, A., C. Little, R. Urrutia, J. McPhee, C. Álvarez-Garretón, C. Oyarzún, D. Soto, P. Donoso, L. Nahuel-hual, M. Pino, and I. Arismendi. 2009. Assessment of ecosystem services as an opportunity for the con-servation and management of native forests in Chile. *Forest Ecology and Management* 258: 415-424.

Lara, A., R. Reyes, and R. Urrutia. 2006. Bosques Nativos. In *Informe país: Estado del medio ambiente en Chile 2005*, ed. Instituto de Asuntos Públicos, Universidad de Chile. Santiago, Chile: Universidad de Chile, Centro de Análisis de Políticas Públicas, Programa de Desarrollo Sustentable, 107-139. www.inap.uchile.cl/politicaspublicas/informepais2006.pdf

Lara, A., D. Soto, J. Armesto, P. Donoso, C. Wernli, L. Nahuelhual, and F. Squeo. 2003. Componentes científicos clave para una política nacional sobre usos: Servicios y conservación de los Bosques Nativos Chilenos. Valdivia: Universidad Austral de Chile.

Lara, A., and R. Villalba. 1993. A 3620-year temperature record from *Fitzroya cupressoides* tree-rings in southern South America. *Science* 260: 1104-1106.

Lara, A., R. Villalba, and R. Urrutia. 2008. A 400-year tree-ring record of the Puelo River summer-fall streamflow in the Valdivian rainforest eco-region, Chile. *Climatic Change* 86: 331-356.

Lucke, S. 2008. Approaches to ecosystem service assessment in forest ecosystems. In *Ecosystem services and drivers of biodiversity change: Report of the RUBICODE electronic conference, April 2008*, ed. F. Grant, J. Young, P. Harrison, M. Sykes, M. Skourtos, M. Rounsevell, T. Kluvánková-Oravská, J. Settele, M. Musche, C. Anton, and A. Watt. www.rubicode.net/rubicode/RUBICODE_e-conference_report.pdf

Nahuelhual, L., P. Donoso, A. Lara, D. Nuñez, C. Oyarzún, and E. Neira. 2007. Valuing ecosystem ser-vices of Chilean temperate rainforests. *Environment, Development and Sustainability* 9: 481-499.

Nuñez, D., L. Nahuelhual, and C. Oyarzún. 2006. Forests and water: The value of native temperate for-ests in supplying water for human consumption. *Ecological Economics* 58 (3): 606-616.

Olson，D.，and E. Dinerstein. 1998. The Global 200：A representation approach to conserving the Earth's most biologically valuable ecoregions. *Conservation Biology* 12：502-515.

Sepúlveda，C. 2006. ¿Cuánto hemos avanzado en conservación privada de la biodiversidad?（December 21）. www. parquesparachile.cl

Squeo，F. 2003. Clasificación revisada de los ecosistemas terrestres del país y sus prioridades de conser-vación：Informe final. La Serena，Chile：Universidad de La Serena. www.biouls.cl/ecosistemas

第二节　新英格兰地区所面临的自然保护挑战
David R. Foster

就全球范围而言，新英格兰的土地面积微不足道。纵使聚焦于美洲，大多数外地人也会误认为新英格兰是东部大都市的扩展，具备后工业化和城市化的景观。与美国西部以及南美洲相对应的森林地位和规模相比，该地区的次生林显得苍白无力。然而令大多数访客惊讶的是，这片广阔的森林主宰了这片树木繁茂的地区，轻易地代替了无处不在的城市和郊区。因此，新英格兰地区成了一个环境悖论。

新英格兰地区的六个州虽然是美国人口最密集的地区，但其森林覆盖率仍是最高的。这些森林是毁灭和重生的非凡生态故事的产物。与之并行的是另一个同样重要的故事——应用于这块多样化景观保护的人类企业和保护创新。这两个故事提供了具有普适性价值的见解。无论是在当地还是全球范围，新英格兰的森林都提供了大量环境效益和重要经验。

新英格兰森林在毁灭中涅槃是美国东部一个更为宏观的故事的一部分——长达一个世纪的次大陆再造林和再生的过程。环境作家比尔·麦克基本（Bill McKibben）称之为"美国伟大的环境故事"（McKibben，1995）。这样的复苏必然归因于人类活动，但也算是偶然发生的。作为宏观经济力量和文化变迁的副产品，这样的复苏同积极主动的环境保护并没有什么关系。

冰面融化后的一万多年内，新英格兰被森林覆盖，人烟稀少。原住民从水体、湿地、林地中获取了丰富的资源。森林主要由自然力量塑造，由连续扩张的古树支配。400多年前，随着欧洲土地殖民者的到来，这种情况突然发生了变化。随着新的人口在土地上的增长和扩张，从山顶到山谷的森林逐渐转变为生产性的农场和林地。亚力克西斯·德·托克维尔（Alexis de Tocqueville）在19世纪30年代前往美国时，被这种景观格局吸引。这与他的写作中所描述的社会和经济特征截然不同。

除了崎岖的山脉和缅因州北部未被殖民的地区外，新英格兰地区在一个由当地居民统治的独特乡镇体系中被均匀地开发。托克维尔和其他访客如耶鲁大学校长蒂莫西·德怀特（Timothy Dwight）注意到，当地人民勤劳的天性创造了一股如此巨大的森林砍伐浪潮，以致他们的同代人亨利·戴维·梭罗（Henry David Thoreau）只能绝望地说道："感谢上帝，他们不能砍倒云。"（Foster，2001，90）林地提供了基本的资源——燃料、木材、运输能源，以及家居、农场和工业产品的材料，因此剩余林地被持续大量砍伐。正如梭罗在 1852 年寒冷的冬天所描述的，"你可以没有方向地在树林中游走，但你会听到斧头的声音"（Foster，2001，90）。

然而，1862 年去世之前，梭罗目睹了一个讽刺的现象——文化的变革和衰落拯救了这片土地，使森林扩张至田野、草地和牧场，避免了人类的剥削和控制。起因是农业的衰落和逐渐的忽视，最终是农田和农庄的废弃。梭罗将其目睹的森林建立、增长和变化这一过程称为"森林树木的继承"（Thoreau，1860）。这些人为或自然的森林扩张遍布新英格兰，甚至整个美国东部。在地理、技术和经济的根本驱动下，这些影响将在区域景观和人口完全重建中显现。

中西部及西部的高产农田的开放，以及不断发展的铁路交通运输系统，带给新英格兰农民新的挑战，导致最初的农业收缩以及人们的注意力逐渐转移到易腐物品上，如东部发展城市所需要的牛奶、干草和蔬菜。以溪流和铁路为中心的工业导致了人口的聚集，并吸引了在工厂式乡村附近的移民。城市中心逐渐形成，农村地区人口减少。

随着农业向西迁移，东部地区的农场减少，树木也随之增加。森林先是占据了被忽视的边缘土地，在整个农场废弃后又延展到大部分地区。因此，如今在密西西比河以东大部分地区都比一个世纪前拥有更多的绿色植被覆盖。在新英格兰地区，重新造林取得的成就是非凡的，在一个多世纪的时间里森林面积增加了一倍多。在形成的乡村景观中，天然森林的面积正在增加，演变正在推进，之前人类活动的迹象——石栅栏、小水坝、岩石房屋地基、古老的道路和铁路路基——都已成为我们林地的特征。

19 世纪中期，梭罗、乔治·艾默森（George B. Emerson）和其他一些作家、社会评论家对森林破坏和退化提出了强烈抗议。尽管早期有一些种植树木的尝试和通过法令保护森林的行动，他们的呼声在很大程度上仍然遭到忽视，基本没有立即见效。森林的恢复并不是大批保护主义者所引领的结果。相反，它是区域和国家经济大规模转型中意外出现的间接后果。

如今，新英格兰地区的景观乃至更广泛的东部森林及美国大部分地区，正在遭受第二波森林砍伐的袭击。然而与梭罗所遭遇的漠视相反，回应这场现代危机的环境保护，不论是规模还是力度，都大到令人惊奇，与其所面临的挑战旗鼓相当。虽然我们仍无法知道目前的保护应对措施能否保存历史带给这片地区的大片森林，但这些措施的规模和质量为更广泛的环境保护带来了不少经验。它还证实了自梭罗时代以来，一个半世纪发展起来的非凡保护才能——无论是在社会、人力还是财政上，如今都能够结合起来以捍卫重要的自然资本。

一、目前新英格兰地区森林面临的威胁和应对

目前在美国东部蔓延的第二波森林破坏和环境退化与第一波有着本质区别，并且受到不同的社会和经济力量推动。这一新的过程是林地和土地所有权的转变、碎裂和分割，其规模和影响极大。同行最近为一本著名的林业期刊撰写了一篇题为"东方之火"的社论。为强调这一过程的紧迫性，他将其与国家西部地区横行的山火相提并论（Kittredge，2009）。

在美国的西部地区，农业部及林务局、土地管理局、国防部和国家公园管理局管理着广阔的联邦土地。与之相对的是，美国东部地区大部分为私有土地，归属于个人、公司和组织。随着森林业的衰退和房地产价值的增长，这些林地和农田随着时间的推移逐渐被分成较小的地块（或被分割化）并转变为住宅和度假住房，或被工业和商业（即开发）占用。这导致了自然和农业景观的分裂，以及价值和有效性的降低。碎裂和分割降低了本地生物的栖息地价值，并且降低了开放空间的可达性，给有效管理带来了极大的挑战，破坏了自然界提供的许多生态系统服务。18 世纪和 19 世纪的森林砍伐浪潮虽然造成了严重后果，但仍然可逆转。与之相比，这种新型的破坏行为更为持久。人类如今踏上了一条对大自然"冷酷无情"的改造之路，势不可挡。

大多数人忽视了这一过程及其带来的后果，多数政治实体优先支持经济发展而非环境保护。然而有些群体已经认识到这些问题，并积极采取行动加以解决。最近出现的将森林保护与能源、环境、气候变化和经济联系起来的观点，表明森林受到新的关注，意味着森林保护拥有光明的未来。国家层面上，美国林务局已将限制森林砍伐视为国家优先考虑事项。美国林务局发布了一个名为"处在边缘的森林"的详细记录项目，预估全国每天有 2500 英亩[①]的森林、牧场和农田因开发而被铲平。

不少新英格兰州的组织已对这一问题进行了科学评估，并为未来的土地保护和自然保护精心制订了计划。其中新罕布什尔州森林保护协会（Society for the Protection of New Hampshire Forests）的"新罕布什尔州的永恒"（New Hampshire Everlasting）旨在保护 100 万英亩的森林。总部位于马萨诸塞州的项目包括：能源和环境事务执行办公室（Executive Office of Energy and Environmental Affairs）的"全州范围土地保护计划"（Statewide Land Conservation Plan）、马萨诸塞州自然遗产和濒危物种计划的"生物基因项目"（BioMap）、马萨诸塞州奥杜邦协会的"土地丢失"（Losing Ground）系列。

---

① 1 英亩 = 4046.86 平方米。

　　就转变这些多样化评估为土地保护和长期管理的积极行动而言，目前新英格兰的环境保护群体展现出巨大的潜力。对马萨诸塞州提案的有力回应就是一个很好的例子。该州目前森林覆盖率约为 60%。2005 年，一群与"哈佛森林"（一个归属于哈佛大学的用于生态学研究的森林区域）密切关联的科学家发表了一份题为"荒野和林地：马萨诸塞州森林的愿景"（"Wildlands and woodlands：a vision for the forests of massachusetts"，简称 W&W）的报告（Foster et al.，2005）。该报告呼吁森林保护区面积占地 50% 以上的州，只要能够自然演变，就应设立有效管理的林地或野生保护区。在 2010 年初，这些科学家将为新英格兰地区发布一个相似的目标愿景，其中 70% 以上的地区将永久保持森林覆盖；保护农田和湿地免受发展的破坏；新的住宅、商业和工业活动仅集中于目前的已开发地区（Foster et al.，2010）。

　　这些 W&W 愿景并非完全基于生物多样性和自然保护中常见的保护生物学。相反，它们更关注森林作为支持人类、社区和自然的"天然基础设施"的角色，以及在经济发展中的保护作用。这些愿景表明，21 世纪的大多数土地保护都是通过私有土地所有者的行为来实现的。这些土地所有者对他们的土地实行着永久保护的限制。反过来，个体土地所有者将通过社区以及现有的当地、区域、国家保护组织和实体（也被称为林地理事会）的参与而得到支持，并在区域伙伴关系中开展合作。

　　虽然可能确实看上去有些超前，但这些愿景并没有被视为不切实际的幻想，而是引起了个人、组织和多种群体的深入思考，得到了强有力的支持和实质性的参与。

　　（1）得到了主要的编辑委员会的认可并为此宣传，包括《波士顿环球报》（*Boston Globe*）和《普罗维登斯期刊》（*Providence Journal*）。

　　（2）已被国家新闻和商业媒体报道，如《纽约时报》（*New York Times*）和《华尔街日报》（*Wall Street Journal*）。

　　（3）荒野和林地合伙关系（The Wildlands and Woodlands Partnership）成立。最初得到肯德尔基金会（Kendall Foundation）、大自然保护协会和保护区信托（The Trustees of Reservations）的支持与鼓舞。现在这个合伙关系由来自新英格兰地区四个州的 75 个组织构成，拥有政策、管理、实施和外联委员会以及一个私人基金会资助的协调人。

　　（4）建立了七个林地委员会，从康涅狄格州南部到新罕布什尔州中部，跨越了三个州边界。这些委员会由众多组织和机构组成，从地方到国家范围均有。他们致力于加强与土地所有者的联系并协助管理，尤其是在土地保护方面。

　　（5）出现两项大规模的土地保护工作，推动了全州和新英格兰范围内的 W&W 目标的实现。由新英格兰自然资源中心（New England Natural Resources Center）和新英格兰林业基金会（New England Forestry Foundation）赞助，致力于将数十或数百个地块和土地所有者聚集成大型项目，以减少开支，提高土地保护率，吸引更多资金。

（6）2006年，哈佛大学环境中心主办了林地和荒野融资保护圆桌会议（Woodlands and Wildlands Conservation Finance Roundtable，WWCFR）。融资保护的各个国家领导者齐聚一堂，共同就 W&W 的规模资金保护可能机制（Levitt and Lambert，2006）进行评估。

（7）2009年1月，马萨诸塞州立法机构发布一项法律，建立一个公共/私营/非营利/学术保护融资委员会。对于 WWCFR 的发展成果，委员会将确认和提供必要的细节，以确保对马萨诸塞州有效的森林融资保护重要创新方法的实施。该委员会的活动将部分由马萨诸塞州环境信托基金（Massachusetts Environmental Trust）和一个私人基金会提供的资助承保。

以上无论是对新出现的地区及国家危机的回应，还是对推进 W&W 目标所采取的积极行动，都展现了新英格兰出色的环境保护能力，强调了新英格兰人在国家乃至国际层面上，在环境保护创新方面发挥的作用。那么，自梭罗及其同代人的强烈环境保护请愿以来，究竟发生了什么，让如今的环境回应如此不同？

欧洲人到达新英格兰不久后，最早的环境保护措施是针对狩猎、用火和木材使用的限制，以及通过自我征税建立第一个公共公园或公共用地。因此，历史上新英格兰就具备较强的环境意识，能够对自然资源和土地进行保护——包括野生动物和鱼类、森林、湿地、沿海地区和水资源。然而到了19世纪末，相应的重视程度才得以增加，私人贡献才得以发展，实际土地和资源保护的步伐才得以迈进。正如宣称不落下六个州中任何一个的《20世纪新英格兰土地保护》（Twentieth-Century New England Land Conservation）所描述的那样，这些工作的大部分（当然还有大多数活动的制度和法律框架）都集中在过去的一百年中（Foster，2009）。该书的副标题——"公众投入参与的遗产"（A Heritage of Civic Engagement），强调了私人、群体和组织在推动这一新的环境保护浪潮中所发挥的关键作用。他们与国家以及（在较小程度上）联邦机构建立了重要伙伴关系。

正如梭罗的家乡马萨诸塞州环境保护的历史所示，这一区域活动的特点在于各类因素的多样性（专栏1.1）。思考和行动的个体领导力是关键，这样的杰出人物包括约翰·菲利普斯［John Phillips，马萨诸塞州钓鱼和娱乐协会（Massachusetts Fish & Game Association，MFGA）的创始人之一和长期主席］、哈里斯·雷诺兹（Harris Reynolds，新英格兰林业基金会的创始人）、哈丽雅特·劳伦斯·海明威和明纳·哈尔（Harriet Lawrence Hemenway 和 Minna Hall，马萨诸塞州奥杜邦协会共同创始人）、查尔斯·艾略特（Charles Eliot，公共保护区信托公司的创始人）、艾伦·摩根（Allen Morgan，20世纪中叶的马萨诸塞州奥杜邦协会总裁，同时也是一个全州土地信托的重要捍卫者）、查尔斯·福斯特（Charles H. W. Foster，马萨诸塞州联邦环境部第一任秘书长）等。

专栏 1.1　马萨诸塞州重要的环境保护里程碑

1634 年　波士顿的自由民进行投票，增加了一项征税，以资助被称作"公用地区"（common field）的奶牛牧场和军事训练区域的建立所需的土地收购。波士顿公园（Boston Common）是民主进程背景下建立的北美第一个且最古老的受保护开放空间。

1640 年　波士顿城镇会议建立了波士顿公园的使用法规。

1650 年　普利茅斯（Plymouth）和马萨诸塞湾殖民地（Massachusetts Bay Colonies）的法令规范了森林采伐。

17 世纪 60 年代　波士顿公园被当作一个休闲的公共散步场所，并且有城镇警察维护治安。

1694 年　实施州范围的鹿类狩猎禁令。

1792 年　马萨诸塞州农业协会在立法上特许设立，由州长 John Hancock 签署并由 Samuel Adams 担任主席。

1799 年　波士顿集会的市民阻止了波士顿公园中一个房屋的建设。他们在城镇中张贴抨击评论，宣称波士顿公园是"人民的守护者"，提供给了公民无法估量的益处。

1836 年　波士顿公共花园（Boston Public Garden），该地区的第一个公共花园，在波士顿公园旁建立。

1846 年　在《马萨诸塞州森林中自然生长的树木和灌木的报告》（"A report on the trees and shrubs growing naturally in the forests of Massachusetts"）中，George B. Emerson 公开谴责了肆意蔓延的森林砍伐，支持赞扬了良好的管理行为，并指出了森林的众多价值。

1860 年　Henry David Thoreau 在"森林的演替"（The Succession of Forest Trees）上讲话，描述了农田土地上的森林发展。

1865 年　国家鱼类和野生动物局（State Fish & Wildlife Agency）诞生了，这是美国的第一个此类机构。

1873 年　马萨诸塞州钓鱼和娱乐协会建立，它是美国历史最悠久的保护组织。

1876 年　阿巴拉契亚山脉俱乐部将重点从开采及休闲娱乐转移到了环境保护上。

1891 年　建立了世界上第一个区域土地信托——公共保护区信托（The Trustees of Public Reservations），即如今的保护区信托。

1896 年　世界上最古老的现有奥杜邦协会——马萨诸塞州奥杜邦协会（Massachusetts Audubon Society）于波士顿创建。

1898 年　马萨诸塞州林业协会（Massachusetts Forestry Association）建立，其在 1933 年成为马萨诸塞州森林和公园协会（Massachusetts Forest and Park Association，MFPA）。它是土地保护的早期主力。

1898 年　位于马萨诸塞州西部伯克希尔山区（Berkshire Mountains）的格雷洛克山（Greylock Mount），首次受到保护，之后成为美国第八大的森林和公园系统。

1930 年　MFGA 主办了第一届新英格兰休闲娱乐大会（New England Game Conference），为北美野生动物和自然资源大会（North American Wildlife and Natural Resources Conference）提供了一个榜样。

1935 年　MFPA 立法请愿收集到了 23 000 个签名，以收购 50 万英亩的土地用于州立森林和公园。

1939 年　阔宾水库（Quabbin Reservoir）完成了接下来的 12 万英亩（约为流域的 75%）的收购，向波士顿都市地区及 40% 的州内地区供应水。这是美国四个未经过滤的庞大供水体系中的一个。

1940 年　Harris Reynolds 带领建立新英格兰林业基金会（New England Forestry Foundation）。

1947 年　大草地国家野生动物保护区（Great Meadows National Wildlife Refuge）建立。

1957 年　城镇保护委员会获得批准，通过为超过一千个的志愿者成员提供帮助。市政当局的保护委员会运动蔓延到东北部。

1959 年　州立公园的开支超出 1 亿美元。

1966 年　总部在波士顿的保护法基金会（Conservation Law Foundation），最早的公众利益法律公司之一，在新英格兰地区倡导环境保护。

1978 年　农业保护限制（Agricultural Preservation Restriction）的立法允许开发权出售，确保农民永久的土地保护和经济支持。

1982 年　由林肯土地政策研究所资助的土地信托交易所（Land Trust Exchange），促进了土地信托联盟（Land Trust Alliance）的形成。

1998 年　在关于新英格兰中部土地保护的杂乱性的本科毕业论文（Golodetz and Foster，1997）的呼吁下，北部阔宾地区土地保护伙伴关系（North Quabbin Regional Land Conservation Partnership）建立。

1999 年　州长保罗·切卢奇（Paul Cellucci）和环境事务部部长罗伯特·杜兰德（Robert A. Durand）制定了 20 万英亩土地保护的目标，产生了历史上最大的债券金额（7.43 亿美元）。

2000 年　马萨诸塞州土地信托联盟（Massachusetts Land Trust Coalition）建立，其中包括了超过 100 个土地信托及 10 万个成员。

2000 年　由格蕾丝山土地保护信托（Mount Grace Land Conservation Trust）领导的塔里提案（Tully Initiative），在两年内保护了 1 万英亩的土地。

2005 年　W&W 报告号召永久保护被森林覆盖的 50% 的州地区。

2006 年　阔宾走廊森林遗产（Quabbin Corridor Forest Legacy）项目是美国农业部林务局的森林遗产计划中的第一个多地块景观工作。

2008 年　新英格兰自然资源中心启动了森林集聚项目（Forest Aggregation Project），给 14 300 英亩的土地制定保护限制。

该区域活动的其他重要部分包括：私营组织的早期形成及其关键作用，社区或城镇层面的勤勉工作，良好的公私合作，环境保护的推动和融资方法的持续创新，以及公众对主要环境保护的重要资助。21 世纪后，作为这些保护活动的产物，国家和地区已经建立了大量现有保护地的基础设施，并具备相应能力以推动新的环境保护议程来解决当前已有的和正在逐渐显现的问题。这些举措全部基于各类私人团体、公共实体、市民个体和土地所有者的热烈支持及参与。

二、未来的展望和第二次机会

虽然历史上环境保护取得了很多重要成果，但如今新英格兰的森林和景观仍面临着重大威胁。不仅存在许多问题［如入侵物种的引入、环境污染影响（臭氧、酸雨等）以及全球气候变化问题］，还有一个长期存在的最直接的威胁：森林土地正在被不断用于其他用途。一系列从土地上获得的生态系统服务和社会衍生物，土地承载多种生物和生态过程的能力，以及通过自我恢复和有效管理缓和适应环境上的压力、干扰和变化的能力，都取决于森林、湿地、溪流和湖泊所代表的自然基础设施的维持。

应对这些挑战的生物、人力和组织层面的能力是足够的，最大的挑战是资金来源。过去，新英格兰擅长改善重要融资手段以推动环境保护。公共资金被分配用于以下方面。

（1）政府的土地保护工作，如马萨诸塞州大都会公园委员会。

（2）主要购买州内森林和公园，以及公共资助的债券票据的收费和保护地役权。

（3）在重要土地上的私人捐赠地役权。

（4）在景观和区域层面上，将大量地块整合成连贯统一的项目。

我们能够有效应对当前的挑战，还要感谢新英格兰人民对自然遗产和基础设施的高度重视，从而定义资金的新来源。目前对环境保护融资共享、发展和改善的思考，是我们创造支持自然和人类未来能力的核心。

如此看来，新英格兰拥有第二次决定森林命运的机会。在 17 世纪和 18 世纪，殖民者砍伐并清空了大片的林地。过去的 150 年里，这些森林已经重新生长，却再一次遭到更大规模和力度的威胁。这一次的结果取决于那些为了保护森林和土地而觉醒的保护联盟。

三、参考文献

Foster，C. H. W.，ed. 2008. *Twentieth-century New England land conservation: A heritage of civic engagement*. Petersham，MA: Harvard Forest，Harvard University.

Foster，D. R. 2001. *Thoreau's country: Journey through a transformed landscape*. Cambridge，MA: Harvard University Press.

Foster，D.，B. Donahue，D. Kittredge，K. F. Lambert，M. Hunter，B. Hall，L. Irland，R. Lilieholm，D. Orwig，A. D'Amato，E. Colburn，J. Thompson，J. Levitt，W. Keeton，A. Ellison，J. Aber，C. Cogbill，C. Driscoll，and C. Hart. 2010. *Wildlands & woodlands: A vision for the New England landscape*. Harvard Forest Paper 32. Petersham，MA: Harvard Forest，Harvard University.

Foster，D.，D. Kittredge，B. Donahue，G. Motzkin，D. Orwig，A. Ellison，B. Hall，E. Colburn，and A. D'Amato. 2005. *Wildlands and woodlands: A vision for the forests of Massachusetts*. Harvard Forest Paper 27. Petersham，MA: Harvard Forest，Harvard University.

Golodetz，A.，and D. R. Foster. 1997. History and importance of land use and protection in the North Quabbin region of Massachusetts. *Conservation Biology* 11: 227-235.

Kittredge，D. B. 2009. The fire in the east. *Journal of Forestry* (April/May): 162-163.

Levitt，J. N.，and K. Fallon Lambert. 2006. Report on the Woodlands and Wildlands Conservation Finance Roundtable. Petersham，MA: Harvard Forest，Harvard University. www.wildlandsandwoodlands.org/pubs/WWCFRSummary final1.pdf

McKibben，W. 1995. An explosion of green. *Atlantic Monthly* (April): 61-83.

Thoreau，H. D. 1860. The succession of forest trees: An address read to the Middlesex Agricultural Soci-ety in Concord (September).

第二章　税务相关举措

使用税收来保护开放空间的做法，在现代民主社会已有将近四百年的历史。正如我在其他地方所详述的那样（Levitt，2005），1634 年新成立的马萨诸塞州波士顿市的自由民在从一位英国人手中购买一块大约 50 英亩的土地时，投票对自己征税 30 英镑。这片土地后来成为波士顿公园，直到如今都一直是该镇生活中珍贵的城市资源。

早在 16 世纪 30 年代，征税体系就曾有过变化。这个税不是每户家庭的固定税，而是一种逐步征收的房地产税。每户都支付基本数额，面积较大的房屋所有者需要支出更多的税额。民主社会从殖民时期开始就以越来越复杂的方式，利用纳税、收入债券和公投议案为获得和保护开放空间提供资金。

在美国，尤其是地方和州层面，这些举措的规模和范围大到令人惊叹。例如，由公共土地信托基金（Trust for Public Land）运作的 Land Vote®数据库报告表明，在 2008 年，选民通过的 91 项州及地方投票举措，批准了超过 80 亿美元的环境保护资金。该年度金额创下自 1988 年以来的纪录，这是 Land Vote®数据库记录此信息的第一年（Trust for Public Land，2009）。

在美国，2008 年的举措涵盖了较大的地理范围，并且具有丰富多样的形式。例如，在亚利桑那州的马里科帕（Maricopa，Arizona），选民批准了 6550 万美元的债券发行，其中有 1350 万美元用于环境保护，包括新的公园和乡间小径建设。居住在东湾区域公园（East Bay Regional Park）地区的加利福尼亚选民——以 72%比 28%的胜利——通过了一项高达 5 亿美元的债券法案。其中用于环境保护的资金约为 3.75 亿美元，包括公园用地、乡间小径和其他休闲娱乐用地的购买。明尼苏达州通过全州宪法修正案，批准对自然资源保护及艺术征收 25 年 0.375%的销售税。在接下来的 25 年中，预估将产生 55 亿美元的资金，用以资助开放用地和公园的收购以及流域、森林和野生动物栖息地的保护。

较小规模的案例如下：马萨诸塞州惠特利（Whately）是一个位于康乃狄克河谷（Connecticut River Valley）的典型新英格兰村庄，那里的公民通过了《社区保护法》（CPA）。该法案对该镇的房地产转让征收 3%的附加费。惠特利的 CPA 在未来产生的数十万美元，将会成为该镇用于资助当地环境保护、历史保护和经济适用房项目预算中重要的资金来源。在对地方层面上的房地产征税时，惠特利人保留了以前殖民地居民波士顿人的传统——向自己的房屋征税以创造公共土地。

　　惠特利人采用的 CPA 以及马萨诸塞州 150 多个其他城镇的 CPA 是第一节 Matt Zieper 所写内容的主题。他讲述的 CPA 故事中最重要的一课是：寻求新资金来源的环境保护者可能会被劝说同其他相似的利益群体结盟，从而形成一个成功的联盟。的确，只有当与历史保护和经济住房支持者合作之后，马萨诸塞州的环境保护者才实现了他们的 20 年目标——建立一个类似于 CPA 的机制。在明尼苏达州，联盟的力量同样得到了证明。艺术倡导者和环境保护者联合起来，推动了销售税的历史性增加。这一举动有力奠定了未来几十年中艺术和环境的保护领域。

　　多年来，北美人一直在设法利用税收及税收支持债券，为公共部门的环境保护提供资金。他们同样也在探索利用税收激励优惠手段（如联邦和州的所得税减免与信贷），以鼓励个人捐赠者为环境保护融资带来更多的收益。

　　这些税收优惠包括了各类手段。几代人中，具有环境保护意识的私人捐助者一直在向非营利组织（如土地信托联盟和奥杜邦协会）申请现金和证券慈善捐款的所得税减免。近期才出现的一个想法是基于捐赠土地的环境保护限制（也称为保护地役权）价值来扣除所得税。汤姆·卡伯特（Tom Cabot），佩姬·洛克菲勒（Peggy Rockefeller）以及大卫·洛克菲勒（David Rockefeller）于 20 世纪 70 年代初在缅因州开创了这一先河。当佩姬·洛克菲勒希望永久保护巴特利特岛（Bartlett Island）上的土地时（她在那里培育了可以遗传的牛的品种），汤姆·卡伯特和佩姬·洛克菲勒、大卫·洛克菲勒首先探寻了申请这种扣税的法律途径。他们的申请最终得到了美国国税局（Internal Revenue Service，IRS）的批准，在十年内被编入 IRS 法规，成为一个历史先例。这一先例在过去 30 年中一直是美国环境保护实践的核心。无论是在开展多项额外的地役权交易，还是在教导其他非营利组织如何做同样的事情上，被指定接受洛克菲勒地役权捐赠的缅因州海岸遗产信托基金已然成为国家先驱。

　　在 21 世纪，私营部门在西半球推进土地保护的潜力深深吸引了拉丁美洲人。第二节亨利·泰珀和维多利亚·阿隆索跟进了智利建立"真正的保护权"的进展。这一土地所有制的新形式若是得以实施，将成为第一个允许永久环境保护限制的法律文件，并且是在使用民法或拿破仑法典的法律制度的国家土地上（没有限制相邻地块）。正如以上所述，在民法占主导地位的地方，从拉丁美洲到欧洲，环境保护者都希望这样的先例可以被其他国家普遍效仿，因此它能够在各个大陆上促进环境保护。

参 考 文 献

Levitt, J. 2005. *From Walden to Wall Street: Frontiers of conservation nance*. Washington, DC: Island Press.

Trust for Public Land. 2009. LandVote database. www.conservationalmanac.org/landvote/cgi-bin/con rm.cgi.

第一节 马萨诸塞州的《社区保护法》——一个促进政府间合作的保护融资案例

Matt Zieper

自 1615 年第一批英国殖民者来到马萨诸塞州以来，一部分田园景观几乎没有发生变化。这部分区域名为公共牧场（Common Pasture）。公共牧场位于波士顿以北 40 英里处，横跨纽伯里波特市（Newburyport）和纽伯里镇（Newbury）之间的边界。Aikenhead（2006）对公共牧场进行了如下描述。

（1）纽伯里波特市、埃塞克斯郡绿地协会（Essex County Greenbelt Association，简称 Greenbelt）和公共土地信托基金——一个全国非营利性环境保护组织，宣布收购并永久保护 169 英亩的古铁雷兹（Gutierrez）地产，即"湿草甸"（Wet Meadows）。这片土地是历史悠久的公共牧场的一部分，为开放式耕地、湿地和森林高地的混合体。位于纽伯里波特市的 123 英亩"湿草甸"土地被纽约市收购，而纽伯里的 46 英亩土地则被 Greenbelt 收购。公共土地信托基金作为保护受威胁和具有历史意义的公共牧场景观联盟的一分子，根据纽伯里波特市的要求制定了在五月份收购"湿草甸"的协议。从那时起，项目合作伙伴一直在努力筹集 50 万美元的资金以完成购买任务。

（2）此次收购的资金来源于城市、州和私人。纽伯里波特市在 CPA 基金中拨款 392 000 美元用于土地收购和相关费用。其中 205 000 美元将通过马萨诸塞州联邦政府（Commonwealth of Massachusetts）的自助补助金来补偿。Greenbelt 筹集了 88 700 美元的私人资金，并从联邦获得了 45 000 美元的"环境保护合作伙伴补助金"（Conservation Partnership Grant）以购买纽伯里的土地。

（3）"湿草甸"作为公共牧场中最大的遗留部分之一，曾经横跨纽伯里、纽伯里波特和西纽伯里。虽然在多年以来的发展中许多原始景观已经丢失，但仍然有超过 700 英亩的土地作为自然景观用地和农业土地留了下来。许多机构对该地区的价值给予认可，包括马萨诸塞州联邦、公共土地信托基金、Greenbelt、帕克河清洁水协会（Parker River Clean Water Association）、纽伯里波特市和纽伯里镇。所有这些机构都是为保护该地区而成立的联盟的成员。

公共牧场拥有近 1500 英亩的无碎片露天场地、工作农场、潮汐河流、高地森林的组合土地，是埃塞克斯郡（Essex County）自然景观和文化遗产的宝贵财富。在经济发展压力无处不在的情况下，维持这一景观完整性的任务格外富有挑战性。拯救公共牧场工作的核心是一系列土地保护项目，总面积为 300 英亩，由公共土地信托基金引导。项目的完成很大程度上依赖于 CPA 所提供的资金，这项州立法律具有里程碑意义，旨在促进政府间伙伴关系以支持环境保护融资。

对马萨诸塞州来说，这些土地保护方面的创新并不陌生。作为第一个公园、第一个土地信托基金和美国第一个土地银行的诞生地，马萨诸塞州拥有着悠久且令人自豪的历史。CPA 应该被誉为马萨诸塞州环境保护中的另一里程碑。在不到十年的时间里，CPA 已成为强有力的政府间伙伴关系的体现，在土地保护、经济适用房和历史保护方面引进了价值超过 5 亿美元的新公共投资。

值得注意的是，各个小镇将 CPA 列入当地法律，在马萨诸塞州应用非常广泛。而马萨诸塞州在 20 世纪 80 年代的抗税活动促使了严格限制房产税的"提案 2 1/2"（Proposition 2 1/2）①的通过。尽管历史上有着反税的先例，但该州的 351 个城镇中约 40%还是选择征收新的房产税以支持社区环境保护工作。这些市政当局受大量州配套资金的激励，能够以满足个人需求的方式使用 CPA 资金，并且不受国家监管。虽然许多社区是典型的快速发展的郊区，但还有许多社区是致力于保护"工作林"的小型乡村城镇，或者是小型城市中心。它们希望将以前的棕地（多为废弃及未充分利用的工业用地，或是已知或疑为受到污染的用地）改造成公园，或是将被忽视的河流两岸的废弃工业地产改造为繁华、干净、迷人的城市河滨区，使其重新焕发活力。

本章详细介绍了 CPA 的历史，以及它被列入马萨诸塞州法律的过程，包括关键条款、法律上的影响、CPA 成功的原因，以及可能适用于美洲其他地方公共土地保护工作的经验教训。

一、马萨诸塞州《社区保护法》的早期历史

CPA 是近二十年努力立法工作的成果。马萨诸塞州的 351 个城镇在面对经济增长和发展时，CPA 将为保留它们的特色提供帮助。虽然自第二次世界大战以来马萨诸塞州一直在蓬勃发展，但从 20 世纪 80 年代起，历史上一直受益于农场和森林的小镇中心和社区，在紧凑混合的发展模式下发现不再拥有各自的特色。一些社区希望能够保护工作农场，一些社区希望保护历史建筑防止其被夷为平地，还有一些社区希望能够提供经济适用房，得以让长期居民的儿女留在附近。

在全州范围内授权保留特殊社区特征，最初的灵感来自全美类似计划中的楠

---

① "提案 2 1/2"是一项州法律，以限制马萨诸塞州市政当局提高当地财政税。这一法律在 1980 年的公投请愿中被公民投票通过，并于 1982 年生效。这一提案的名称指的是市政当局每年的财产税增长幅度为 2.5%。这与美国其他地方的抗税手段相似。

塔基特岛土地银行（Nantucket Islands Land Bank）。该土地保护计划旨在获取、保存和管理楠塔基特岛的重要开放土地资源和濒临灭绝的景观，以供大众享用。土地银行对每一处房产的销售价格征收 2% 的房地产转让税（real estate transfer tax，RETT）。该计划由楠塔基特的计划委员会构思设想，由楠塔基特选民采用，并通过马萨诸塞州立法机构（Massachusetts General Court，1983）的一项特别法案加以确立①。

1985 年初，议员罗杰·戈耶特（Roger Goyette）向马萨诸塞州立法机构提交了该州第一项法案，授予所有城镇享有和楠塔基特同样的权力——征收 RETT 以资助土地保护（Associated Press，1985）。拟议的法案引起一系列关注，可惜最终未能列入法律。接下来的两年中，立法机构收到了大量基于 RETT 模式的各种类型的土地银行提案。有些对所有城镇进行授权，有些则通过所谓的"地方自治请求"对特定的城市或乡镇进行授权。除了在楠塔基特附近岛屿——马撒葡萄园岛（Martha's Vineyard）的一个地产银行外，其余提案最终均未能通过。

二、房地产转让税与土地保护

自楠塔基特岛土地银行成立以来，美国各州和地方政府都试图效仿楠塔基特的经验，并利用 RETT 建立当地的土地保护基金。虽然是对房地产销售价值进行征收，但通常会豁免部分销售价格，为首次购房者或收入较低的购房者节省一部分钱。收入可能会根据市场情况大幅波动，尤其是在非常繁忙或高价位的市场中。转让税的支持者引证了房地产销售与发展中土地流失间的联系。这一观点显然只关注了新的建设，在早已存在的房屋案例中站不住脚。

房地产转让税的反对者抗议道，资助开放土地保护的负担不应仅仅落在房地产市场参与者的肩上。在他们看来，社区中的每一个人都应该通过更广泛的税收来进行资助。最后，也是最重要的一点，全国房地产经纪人协会（National Association of Realtors）公开反对 RETT，并在一些案例中促使否决了土地保护议案，正如 1998 年 1 月科德角土地银行（Cape Cod Land Bank）的投票表决议案那样（National Association of Realtors，2003）。

选民对 RETT 投票表决议案表现出强烈支持，自 1983 年以来全国范围内共有 32 个议案，其中有 23 个（72%）获得批准，略低于所有土地保护投票议案 77% 的批准率（Massachusetts General Court，1998）。然而这些 RETT 投票议案的地理范围非常有限，仅包括四个州的十几个管辖区。成功的议案中有 19 个发生在季节

---

① 一项房地产转让税基于在其权限内的房地产转让权，可以由一个州、郡或者市政当局执行，以房地产总价值的一个百分比作为应缴税额。

性度假社区，如马撒葡萄园和楠塔基特，包括构成纽约汉普顿地区的五个城镇（每个城镇有三个议案）和科罗拉多州的克雷斯特德比特（Crested Butte，Colorado）。

此外，少数地方政府如马里兰州的哈福德郡（Harford County，Maryland）以及纽约的雷德胡克和沃里克镇（Red Hook and Warwick，New York）在保护当地农田方面都有着悠久历史，也都通过了 RETT 议案。雷德胡克和沃里克镇为消除房地产经纪人的反对，都开展了高达数万美元支出的运动。这两个城镇都以微弱优势通过了它们的议案，分别得到 51%和 52%的支持率。

在这些案例中，地方政府从州立法机构中申请获得单独权限以征收 RETT。有两个州在授权更大范围内的地方政府征收用于土地保护的 RETT 时，批准率十分低。例如，在华盛顿州，选民否决了八项郡内议案中的七项，只有富裕的圣胡安郡（San Juan County）投了赞成票。选民们还在 1998 年否决了美国唯一的全州范围内 RETT 投票表决议案——佐治亚遗产基金（Georgia Heritage Fund）。

这场创建土地银行的多年抗争最初未能成功，但它种下的种子终于带来了如今的 CPA。土地保护和经济适用房的支持者成为盟友，并肩致力于保护当地社区的特色和提高生活质量。经济适用房和土地保护经常被视为相互矛盾的问题，这种双重做法的支持者却理智地认识到：开放土地和经济适用房两者都是构成充满活力的成功社区的基本要素。

同时土地保护和经济适用房的捍卫者之一是议员罗伯特·杜兰德。在 1985 年，杜兰德是马萨诸塞州众议院的新人，也是议员 Goyette 的徒弟。1987 年，杜兰德资助了第一项允许土地银行建设经济适用房并保护土地的法案。在 1987 年的衰落时期，由于反对使用 RETT 作为融资机制的房地产经纪人的强烈抗议（Mohl，1987），RETT 在马萨诸塞州众议院的通过表决中落后几票。接下来的十年中，房地产经纪人对转让税的反对从未动摇，并且有效阻止了全州范围内的土地银行授权及地方自治请愿形式的个别当地授权。直到新的筹资机制出现之前，授权都没有任何进展。

从 1987 年到 20 世纪末，杜兰德孜孜不倦地提倡马萨诸塞州众议院和后来州参议院对于土地保护和经济适用房的配对想法。1997 年，杜兰德将这一想法同历史保护联系在一起，提出了名为《社区保护法》的第一项立法。最后，当他担任 Paul Cellucci 州长麾下的环境事务部部长时，杜兰德为 CPA 争取到了迅速高涨且关键的民意支持，让其列为当地的法律。

将土地保护与经济适用房同历史保护相结合的举措可以追溯到 1994 年，当时参议员杜兰德被任命为历史保护特别委员会的主席。杜兰德委员会发布了一份具有里程碑意义的报告，名为"拯救我们的未来"（"Saving our future"）。该报告着重关注历史保护对社区经济活力的重要性（Historic Massachusetts，1994）。杜兰德委员会的工作及 *Historic Massachusetts* 领导的后续项目永久改变了人们对于

"历史保护是一种仅适用于富裕社区的奢侈品"的看法。他们的工作表明，正如参议员托马斯·伯明翰（Thomas Birmingham）的家乡切尔西（Chelsea）一样，历史保护可以成为复兴密集都市中受到破坏的社区的催化剂。后来，伯明翰作为参议院主席，起到了关键的政治领导作用，以确保代表所有类型社区的立法者支持CPA，而不仅限于那些希望保留开放空间土地的社区。

杜兰德委员会的报告为 1997 年 CPA 的最初提案奠定了基础，这是第一个将开放空间保护、经济适用房、历史保护和其他目的（如棕地再开发和化粪池系统的改进）合并为一个立法计划的提案（Historic Massachusetts，1997）。1997 年版本的 CPA 允许所有城镇通过公投表决采用房地产购买价格 1% 的 RETT。与先前数十个土地银行提案一样，该提案由于高度依赖房地产转让税，遭到了房地产和商业界的强烈反对。CPA 或许会一直被搁置在立法机构中，直到 1999 年出现了一种在科德角（Cape Cod）已被证实有效的新方法。

三、科德角的经历

虽然自 20 世纪 80 年代早期以来，楠塔基特和马撒葡萄园的居民从他们的土地银行中受益。但在马萨诸塞州立法机构中，创建一个类似的科德角土地银行的工作却一直受到阻碍。作为一个单一饮用水源、单一含水层的地区，科德角领导人开始警醒——猖獗的开发正在威胁着他们唯一的供水源。在对州立法提案无所作为长达十年之久的情况下，土地银行的支持者们选择另一种方案。他们决定在 1996 年 11 月（一个总统选举年）的投票中加入一个全民公决的非必填问题——对所有的 15 个科德角城镇提问，是否会支持创建一个科德角土地银行。这个银行以 1% 的 RETT 为支撑。15 个城镇的选民都赞同了这个非必填问题，在较小的外科德（Outer-Cape）城镇中支持率超过 60%，在许多较大的中科德（Mid-Cape）城镇中支持率则在 50% 至 52% 的范围内徘徊。

基于这些选举结果以及科德角的特殊情况（特别是其对单一含水层的依赖），州立法者的权力超过了州长 Cellucci 的否决权。1997 年 11 月，建立科德角土地银行的法规（Wong，1997）得以通过。该法案对房产卖家征收 1% 的 RETT，并从税收中豁免前 10 万美元的交易。立法者取消了早先允许将 10% 的资金用于开发经济适用房的条款。法案的最终批准需要在 120 天内的特别选举中获得大多数科德角居民支持。马萨诸塞州房地产经纪人协会（Massachusetts Association of Realtors）花费了将近 15 万美元在最后关头反对这项法案的广告宣传活动。1998 年 1 月 27 日，选民以 55% 比 45% 的比例否决了科德角土地银行法案（Phillips，1998）。

那年春天的晚些时候，完全翻新版本的科德角土地银行由一个联盟创造。这个联盟包括环境保护者、房地产经纪人和商业领袖。资金机制转变为房产附加税，而不是使用容易引起分歧的房产转让税。公共土地信托基金提出了这一想法，它们关于新泽西州开放空间的地方房产税附加费拥有广泛的知识和丰富的经验，并且非常乐意与马萨诸塞州的联盟分享。在众议院议长托马斯·芬纳兰（Thomas Finneran）的引领下，马萨诸塞州立法机构最终批准了一项法案。在 1998 年 11 月的投票中获得大多数选民批准后，该法案允许科德角城镇征收 20 年的 3%房产附加税（Massachusetts General Court，1998）。为了鼓励当地采纳土地银行的想法，该州提供给通过此法律的市政当局（州内配对基金的设想也来自新泽西州）1500 万美元的配套资金（从州预算盈余中抽取）。这次，这一方案在地方选举中得到了热烈的反响。

四、新泽西州的模式

改进后的科德角土地银行，是基于新泽西州（美国人口最稠密的州）的一项成功计划制订的。长期以来新泽西州一直是促进土地保护政府资助的领导者。它们获得了非常出色的结果：所有 21 个县和 234 个市政当局都为土地保护和相关用途设立了专项资金（Trust for Public Land，2008a）。2008 年，新泽西州的地方政府预计将花费超过 3.5 亿美元来保护当地的那些独特土地，没有第二个州的预算能够与其相比。新泽西成功的原因是什么呢？这直接反映了支持性政治文化和政策体系的优越性。它在于地方政府通过保护融资投票法案措施来鼓励社会的广泛参与。

新泽西州统一授权所有地方政府通过全民公投来建立自己的专用资金来源。这些选民公投议案给当地管理机构提供了以任何增量征收年度房产税的权力，可达选民批准的最高数额（例如，每 100 美元的评估估值征收 1.5 美分）。严格来说这些公投议案本质上只是建议性的，但实际上地方政府选用的开放空间税等于最高允许征税额。税收收益可用于购置土地、开发（即资本改进）和维护购置的土地，以及农田保护、历史保护或与任何这些用途相关的债务服务。公投议案可以为特定目的分配部分征税。在没有具体分配的情况下，地方管理机构可以自行决定分配计划，或者可以通过一次新的公投议案来改变年度征税的数额（New Jersey Statutes Annotated，1997）。

此外，新泽西州还为地方政府提供财政奖励，鼓励它们为土地保护建立专门的地方资金来源。这种政策的组合给予地方政府机遇和鼓励，使之成为州内促进土地保护的全面合作伙伴。新泽西州的绿色土地规划激励（Planning Incentive，PI）计划为发展新泽西州批准的一项开放空间和休闲娱乐计划的社区提供配套资金，并采用一项专门的税收（或其他的稳定资金来源）进行土地收购。该计划被批准后，当地政府可以获得其中确定的土地而无须为每个地块单独提交申请。对于尚未采纳相关税收和计划的社区，当地政府必须为每个目标收购地块进行申请。

采用税收的地方政府可能会获得高达项目开销 50%的补助金，然而，没有征税的地方政府最多只能获得 25%的补助金。PI 计划的另一个主要的好处是地方政府能够保证现在和未来的重点项目获取资金。

五、《社区保护法》融资的一个新的想法

以新泽西州开放空间土地计划为蓝本，修改后的科德角土地银行标志着马萨诸塞州制定《社区保护法》工作的一个重要转折。它表明选民将会批准更高的地方房产税用于土地保护，特别是当以配套补助金作为经济激励措施时，这一选择变得更加诱人。通过远离房地产转让税，修改后的科德角土地银行法案也消除了上一个版本注定遭遇的障碍——来自房地产经纪人的猛烈抵制。没有了这种反对，土地银行法案顺利通过。而科德角后续的全民公投议案也没有遭遇任何组织反对，轻而易举就通过了。

长期以来，为 CPA 立法通过而努力的联盟一直在推进全州范围内的土地银行权力批准。而在 1999 年的立法会议中，联盟成员产生分歧——是继续使用 RETT，还是效仿科德角选择房产税？在这个由近 20 个成员团体组成的联盟中，有一些长期以来始终提倡 RETT 的人，他们不愿意放弃这个设想。为了帮助、保持联盟向前发展，他们开展了一项民意调查——查明当地选民是否会支持授权当局征收房产税。其结果令人满意：59%的受访者表示他们会为了 CPA 增收房产税而支持全民公投。

下一个关键的行动是调动立法层面的支持来推进 CPA。由议长 Finneran 领导的马萨诸塞州众议院是一个重要的起点。众议院在过去一直反对基于 RETT 的土地银行提案。然而就在 1998 年，科德角土地银行改为房产税附加费后，Finneran 即同意修改后的提案。如果 Finneran 是因为该提案基于房产税附加费而选择支持 CPA，那么估计参议院也将会投赞同票。长期以来参议员杜兰德一直支持土地银行的设想，后来也支持 CPA。

1999 年初，州长 Cellucci 任命杜兰德为环境事务部部长。这是一个可以捍卫社区保护的理想职位。1999 年和 2000 年期间，部长杜兰德及他的团队组织了全州范围内的社区保护峰会，向当地官员、公民和民间领袖讲授了协调发展的战略以及保护开放空间和社区的历史与文化资源的必要性（Historic Massachusetts，2000）。1999 年 11 月，在马萨诸塞州南岸举行的会议上，杜兰德总结了峰会的关注点，"在这里我们为社区提供必要的手段，用来掌握自己的命运。人们被我们州丰富的历史文化吸引而来。如果我们破坏这些资源，就会破坏本州的经济引擎"（Taylor，1999）。峰会的最终目的是为即将准备在立法机关通过的 CPA 法案吸引民众的注意。

　　1999 年夏天，马萨诸塞州众议院和参议院都批准了它们自己的社区保护法案。其中每一项都授权了地方政府可以通过公投征收高达 3% 的房产附加税。这项附加税将用于三个方面：开放空间保护（包括休闲娱乐用地）、历史保护和经济适用房。每一版本的法案还为采用法案的社区提供配套资金，以鼓励它们批准通过 CPA。当地新建立的土地登记处收取的文件记录费将成为这一资金的来源。

　　然而，这些法案有一处根本的不同。参议院的版本允许社区选择 RETT 或房产税附加费来资助当地社区的保护工作。在立法机构中，RETT 是存在了 15 年的顽疾，因此在 1998 年被科德角的选民否决了。事实证明，RETT 也是众议院所面临的顽疾。近一年的僵局后，转让税的选项取消，CPA 最终获得立法机关批准，并于 2000 年 9 月由州长 Cellucci 签署通过（Massachusetts Executive Office of Energy and Environmental Affairs，2009）。

六、《社区保护法》的重要法规条款

　　2000 年被列入法律的法案，使得社区有能力开展多样的活动，有利于自身的成长和未来的发展。通过当地公投措施采用 CPA 的社区可征收高达 3% 的房产附加税，并有资格从马萨诸塞州社区保护信托基金（Massachusetts Community Preservation Trust Fund）中获得州内配套资金。采用 CPA 的地方政府无须经过州的批准就可以制定所有开销决策。以下部分概述了 CPA 的关键条款（General Laws of Massachusetts，2009）。

　　（1）当地房产税附加费。CPA 允许当地市政当局为规定目的征收高达 3% 的房产税附加费：开放空间保护（包括休闲娱乐用地）、历史保护和经济适用房。截至 2008 年 10 月，采用 CPA 的 133 个城镇中，大多数（71 个）选择了 3% 的附加费。

　　为了减轻特定类型纳税人的负担，社区可以选择几种对 CPA 附加费的豁免：①住宅类房地产的第一笔 10 万美元的应税价值；②具备城市或者城镇低收入住房或低收入、中等收入的高级住房资格的居民所拥有和占用的地产；③具有分类税率的城镇三级（商业）和四级（工业）地产。截至 2008 年 10 月，除了 20 个采用 CPA 的市政当局之外，其余市政当局都采用了一些豁免手段：84 个选择豁免低收入和中等收入居民的附加费，并去除前 10 万美元的住宅类房产价值，有 4 个社区实施了所有三种豁免手段（Community Preservation Coalition，2009）。

　　（2）州立专用配套资金。马萨诸塞州社区保护信托基金基于土地登记处整理文件收取的 20 美元附加费，主要是用于记录房契、抵押贷款及其发放。此外，还需收取一项 10 美元的市政留置权证书附加费。因为作为一个信托基金，不能接受平常州内预算体系的一部分拨款。换而言之，除非州立法机构投票修改法律，否则马萨诸塞州社区保护信托基金不得用于其他目的。

　　在 CPA 于 2000 年年底通过之前，年度州信托基金收入预计达到 2600 万美元。然而，这些财政计划在该州房地产繁荣期间迅速失色。CPA 于 2001 财年（截至 2001 年 6 月 30 日的年度）中途生效，半年的收款总额为 17.1 百万美元（表 2.1）。从 2002 财年到 2004 财年，年度收入飙升，在 2003 财年达到约 53.8 百万美元。随着马萨诸塞州房地产市场降温，2008 财年收入逐步下降至 27 百万美元。经济情况表明，虽然下降速度较慢（Massachusetts Department of Revenue，2009a），但 2009 财年及 2010 财年的收入可能将继续呈下降趋势。

表 2.1　社区保护信托基金的财政收入

财年	财政收入/百万美元
2001	17.1
2002	41.3
2003	53.8
2004	50.5
2005	37.4
2006	36.1
2007	31.9
2008	27.0

资料来源：Massachusetts Department of Revenue（2009a）

　　每年 10 月，马萨诸塞州社区保护信托基金会给参与 CPA 的市政当局提供配套资金。根据信托基金的余额，配套资金可占当地 CPA 房产附加税收入的 5% 到 100%。最初的六年中，基金余额足以向所有采用 CPA 的社区提供 100% 的配套资金。获得同等金额配套资金的预期鼓励许多社区采用了《社区保护法》。然而，在 2008 年 10 月，配套基金首次低于 100%。在 127 个符合条件的社区中，平均收到的配套资金占比仅为 74%（Massachusetts Department of Revenue，2009b）。

　　（1）需要公投。当选区多数（多于 50%）的选民在定期选举中赞同《社区保护法》公投表决时，市政当局则采用《社区保护法》。投票表决有两条路线：①公民投票，由地方立法机构（如城镇会议、市议会或市政董事会）推荐完成；②主动呈请，由至少 5% 的登记选民签署。最初采用《社区保护法》的 133 个城镇中，40 个（30%）选择了主动呈请，98 个（70%）选择了立法推荐（Community Preservation Coalition，2009）。

　　（2）允许债券发行。市政当局通过发行一般义务债券或票据，可以预测 CPA 房产税附加费收入。此类债券可用于 CPA 准许的任何目的。如果市政当局发行了债券或票据，支付债务所需的附加费就必须保持其效力直至偿还债券。社区保护信托基金仅可用于偿还 CPA 条款批准的债券或票据的债务。

（3）可选择弃用条款。参与的城镇可在五年后选择弃用《社区保护法》，并采用相同的方式结束附加费征收。市政当局可以在通过《社区保护法》之后的任何时候更改附加费水平或免税事宜。但是如果市政当局已经发行了由 CPA 收入支持的债券，附加费在这些债券债务被全部偿还之前必须维持有效。

（4）当地资金开支的灵活性。《社区保护法》非常灵活，允许城镇开展任何适宜于各个社区的项目。当地资金开支可用于各类项目。

如果市政当局批准通过 CPA，它还必须建立一个社区保护委员会（Community Preservation Committee，CPC），该委员会每年将向其立法机构提出关于如何安排开销的建议。立法机构只能从社区保护信托基金中拨出不超过 CPC 提议的金额和用途的资金，也可以减少或驳回委员会提议的金额。

CPC 必须由至少五名成员组成，且不得超过九名成员，并且必须包括来自当地保护协会、公园和历史委员会、规划委员会、房屋管理局的各一名代表。如果市政当局没有设立一个或多个这样的董事会或委员会，那么可以任命一个以类似身份任职的代表。委员会的其他成员（如果有的话）可以按照设立委员会的规章或条例制度通过任命或选举的方式产生。

市政立法机构必须根据其委员会的建议批准所有 CPA 支出。市政当局每年必须花费或留出至少 10% 的 CPA 资金用于开放空间保护（包括休闲娱乐用地），10% 用于历史保护，10% 用于经济适用房。根据市政当局的优先事项，剩余的 70% 可用于这三个用途中的任何一个或多个。CPA 资金不必在一年内支出，因此社区的基金可以攒下供未来使用。

七、正式确定社区保护联盟的地位/作用

《社区保护法》由近 20 个非营利组织构成的大范围团队合作支持和提倡，经过多年努力，他们制定了一个有序的游说战略，制订了运动宣传方案，筹集资金，并建立了一个支持者的基层群众关系网以拉拢立法者。多元化联盟的力量使得 CPA 获得了来自联邦立法者的青睐。CPA 在 2000 年 9 月成为法律，鉴于该法案的复杂性，组织松散的联盟需要努力转变为一个规模较小而重点突出的组织，以帮助社区采用 CPA。社区保护联盟（Community Preservation Coalition）于 2001 年正式组建，其中六名创始成员在其指导委员会中任职——他们来自 CPA 的三个主要重点领域的两个全州性组织[①]。这六名成员在指导委员会任职并缴纳年度会费

---

① 公共土地信托，马萨诸塞州奥杜邦协会，公民住房和规划协会（Citizens'Housing and Planning Association, CHA-PA），马萨诸塞州经济适用房联盟（Massachusetts Affordable Housing Alliance, MAHA），历史保护国家土地信托（National Trust for Historic Preservation）以及马萨诸塞州保护协会（Preservation Massachusetts），保护区信托于 2007 年加入。

以支撑联盟的运作，后期基金会的支持者将会增加会费数额。该联盟于 2001 年聘请了第一任执行董事。

该联盟早期工作的重心是向城镇介绍新的法律，并向市政当局提供有关制定 CPA 公投议案的重要技术援助（使其赢得选民的青睐）。联盟很快成为信息交流的中心。早期采用 CPA 的城镇先驱们十分乐意与马萨诸塞州的居民分享他们成功制定 CPA 的经验。该联盟还发行了自助指南，分享了投票表决方案、立法样本以及竞选传单。此外，该联盟还在全州范围内进行了数十次演讲，以便让社区了解批准 CPA 公投法案的方法。它还为其中一些活动提供了捐助（D. Pizzella，私下交流）。

八、CPA 的早期经历

一旦 CPA 于 2000 年 12 月生效，马萨诸塞州的各个城镇都将休整并投入到它们的选民公投议案中。该议案将出现在 2001 年春季的城镇选举中。CPA 的早期阶段有一种"狂野西部"的韵味，尤其是在制定过程中许多城镇都急于使用新的法案。虽然有一些城镇精心制定了它们的 CPA 公投议案，谨慎地选择了附加费标准和免税额，而其他城镇却只是把它简单地列入投票表决中，没有做太多的功课，甚至没有对法律的许多规定进行充分了解。一些城镇通过建立广泛的联盟、联系重要的地方官员、联系报社以及撰写有针对性的直接信件等方式发起了有效的运动。其他城镇根本没有参加运动，只是抓住这个机会看看选民会如何回应（表 2.2）。

表 2.2　《社区保护法》公投议案（2001～2004 年）

项目	2001 年		2002 年		2003 年		2004 年	
	春季	秋季	春季	秋季	春季	秋季	春季	秋季
议案总数/项	55	13	35	11	4	0	6	10
成功议案/项	31	5	15	7	3	0	5	10
批准率	56%	38%	43%	64%	75%	—	83%	100%

资料来源：Trust for Public Land（2008b）

2001 年春季的城镇选举结果反映了这些工作的不同成效，选民批准了 55 项议案中的 31 项（56% 的批准率），这一成功主要归因于繁荣的地方经济。成功通过的议案中，38 个城镇采用了全额的 3% 房产税附加费，获得了 48% 的批准率。相比之下，17 个城镇选择了较低的附加费，并且获得了 65% 的批准率（Trust for Public Land，2008b）。马萨诸塞州的城市没有进行春季选举，它们首次采用 CPA

是在秋季，但是结果并不理想。"9·11"恐怖袭击之后，选民只批准了 13 项公投议案中的 5 项。其中一项被否决的议案是一个波士顿的公民领导的倡议请愿运动。该活动恰巧撞上了一个由大型波士顿房产所有者领导的资金充裕的抵制运动。议案失败的 8 个城市里，有 6 个城市中的提倡者支持 3% 的全额附加费。

到了 2003 年春季，《社区保护法》的进展大幅放缓。尽管 58 个城市和乡镇在前两年采用了《社区保护法》，批准率却只有 52%。《社区保护法》在波士顿和一些较小的马萨诸塞州东部城市被否决。这些城市是该州政治权力的中心。一种观望态度已经蔓延开来，甚至在 2003 年全州仅有四个社区尝试采用 CPA，远远低于 2001 年的 68 个和 2002 年的 46 个。

与此同时，强健的房地产市场和暴跌的利率引发了抵押贷款再融资的热潮，导致收入大量涌入该州的社区保护信托基金。信托基金因此过度欠款。截至 2003 年 6 月 30 日，它的收入总计为 9300 万美元，这使它成为众多申领者的明显目标。在当地没有采用 CPA 房产税附加费的情况下，这些申领者就要求获得 CPA 配套资金。防止这些基金被侵占的工作基于一个核心信念，即 CPA 是当地社区与州之间的契约——如果当地政府采用当地 CPA 附加费，将专门给它们（并只给它们）提供配套资金，否则就没有配套资金。此外，这些突袭的侵占行为遭到了社区保护联盟组织强有力的阻止。这一工作是由涵盖关键立法区的 CPA 社区市政领导人发起的。

到了 2005 年，CPA 的情况出现明显好转，全年的批准率达到 90%，并且在那年春季出现了第一百个采用 CPA 的社区。虽然 2006 年的批准率随着当地房地产市场的降温有所下降，但在 2007 年和 2008 年又有所回升——尽管经济形势严峻，八个社区中有七个批准了 CPA 公投议案（表 2.3）。

表 2.3　《社区保护法》公投议案（2005~2008 年）

项目	2005 年		2006 年		2007 年		2008 年	
	春季	秋季	春季	秋季	春季	秋季	春季	秋季
议案总数/项	27	4	18	18	12	3	12	8
成功议案/项	25	3	8	9	9	0	6	7
批准率	93%	75%	44%	50%	75%	0%	50%	88%

资料来源：Trust for Public Land（2008b）

九、采用 CPA 的地区

通过 2008 年 11 月的投票，140 个马萨诸塞州的城镇采用了《社区保护法》，占该州总数的 40%（Trust for Public Land，2008b）（图 2.1）。总体上看，205 个城镇（58%）试图尝试 CPA 公投议案。其中 41% 的市政当局和 100% 的郡通过了当地的公投议案，CPA 批准率仅仅比得上新泽西州。与全国土地保护公投议案的 77% 批准率相比，CPA 的批准率明显较低。CPA 不仅包括土地保护，还包括公园、历史保护和经济适用房，所以与仅关注土地保护的议案相比，它吸引了更为多样化的地方政府，尤其是那些发达社区的地方政府。CPA 不是目的单一的议案，它的复杂性体现在需要市政当局付出更多的努力来确保选民的支持，因为它涉及多类问题，每个问题都有一定的支持者和反对者。

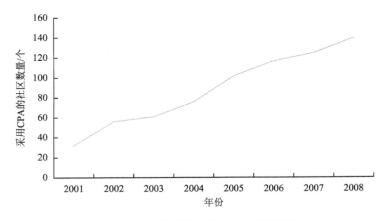

图 2.1　马萨诸塞州社区的 CPA 采用情况

资料来源：Trust for Public Land（2008b）

　　总共有 19 个城镇在议案再次获得选民批准之前，至少有一次 CPA 公投议案的失败经历。5 个城镇［塞克斯埃（Essex），格洛斯特（Gloucester），普林普顿（Manchester），曼彻斯特（Plympton）和沙伦（Sharon）］在第三次尝试中通过了 CPA，而其他的 14 个在第二次尝试时得到了议案的批准。在这 19 个城镇中，有 12 个减少了 CPA 附加费以获得选民的批准，另外有 4 个最初采取主动呈请措施，但最终转向寻求立法机构的批准。7 个社区两次否决 CPA，但没有迹象表明它们的支持者有第三次的尝试打算。

　　CPA 已被联邦多地的选民采用，但显然活动主要集中在几个重要地理区域——特别是那些正在高度发展的地区。这些区域主要包括以下几个元素。通常，当地的非营利组织（如土地信托基金或水域协会）会积极协助区域内的地方政府采用 CPA。一旦一个城市或城镇采用了 CPA，邻近的城镇就会更加熟悉这项法案，从而渴望尝试自己的公投议案。选举官员会与同行分享经验，当地报纸也会大范围报道 CPA 对社区的影响。此外，社区之间的竞争感（如果它们能够做到，我们也能够做到）和嫉妒心（它们获得了州配套资金，而我们没有）能够促进一个区域内的 CPA 运动。

十、CPA 的影响

　　截至 2008 年 9 月，马萨诸塞州的城镇已经批准了 5.51 亿美元的 CPA 资金，并资助了 2824 个项目。其中约 2 亿美元用于 581 个开放空间土地项目，超过 10 000 英亩的土地得到保护。这一数额包括 1.17 亿美元的 CPA 拨款和由未来经费资助的 8200 万美元的债券发行。另外 1.4 亿美元用于经济适用房，为 2245 个住房单位的建造提供资金。CPA 也对联邦的历史保护和休闲娱乐资源产生重大影响。社区已经批准了 1337 个耗资 1 亿美元的历史保护项目和 581 个耗资 5000 万美元的休闲娱乐项目（Community Preservation Coalition，2009）。

十一、社区保护联盟的演变

　　CPA 是一项精心制定的法律。虽然谨慎制定是重要的第一步，但如果没有社区保护联盟的努力，CPA 不可能取得如此大范围的成功。

　　该联盟最初着重于传授社区关于 CPA 的信息，并协助它们在公投表决中批准 CPA。随着越来越多的社区采用 CPA，社区对联盟提供帮助的需求也在增长。为了满足这一需求，联盟开始为新设立的社区保护委员会提供培训会议。这些会议帮助委员会制定运作程序，制定项目挑选标准，理解 CPA 的法律指南，并尽力指导项目以使其成功通过。该联盟还举办了地区和全州范围内的会议，让当地领导者学习同行的经验。

　　联盟将重点转移，更加偏向于一个服务组织，同时它也调整了商业模式。虽然它仍然从指导委员会和基金会的成员中获得资金，但总体上它被改造成一个支付会费的会员组织。在这个模式中，采用 CPA 的城镇需缴纳与 CPA 产生的收入相称的会费。这种熟悉的模式源于马萨诸塞州的市政贸易协会。成为会员制组织的第二年，超过 90% 的已采用 CPA 的社区采用建议的会费金额对联盟加以支持。2008 年，联盟一成立为支付会费的组织，指导委员会的会员就扩大到包括已采用 CPA 社区的其他成员。

十二、CPA 的经验和教训

　　由于法律制定中的几个关键因素以及社区保护联盟的存在（联盟有助于维护法律的完整性，并指导社区采用和实施法律），CPA 在马萨诸塞州取得了巨大成功。本节回顾了这次经历的经验和教训。

（一）将房产附加税作为当地融资机制是 CPA 取得成功的关键

依靠房产附加税而不是房产转让税，是立法者及选民接受 CPA 的最重要的一步。如果 RETT 成为选定的融资机制，那么马萨诸塞州立法机构就不可能采用 CPA。毕竟，基于 RETT 的土地银行法案遭到房地产经纪人的强烈反对，在马萨诸塞州的立法机构中受阻超过 15 年。如果 CPA 依靠的是 RETT，它可能服务于少数富裕的季节性社区，却不太可能对目前由 CPA 提供服务的大量城镇有所帮助。相较而言，RETT 只适用于纽约近千个城镇中的七个（0.7%），而新泽西州和马萨诸塞州基于房产税的项目，每一个都可以适用于州内大约 40% 的市政当局。

如果 CPA 是以 RETT 为基础的，那么当地的公投议案很可能会面临来自房地产经纪人的反抗活动。比起开展预算较少的运动（通常低于 1000 美元），当地需要筹集数万美元才能与反抗活动竞争。当地大多数社区没有开展运动，是因为它们不愿提供如此大的投资金额。

（二）公民对 CPA 选用的投票权促使了当地政府的参与

在全民公投中获得大多数选民的支持下，该法案授予所有城镇统一采取 CPA 的权力。允许选民参与创立当地土地保护基金的程序引起了创立此类计划的地方政府数量迅速增加。自 2001 年 CPA 生效以来，马萨诸塞州 351 个城镇中有 133 个城镇的选民已接受采用该法案；在此之前，只有 23 个政府为土地保护创设了当地的资金。选民们十分乐意通过投票决定他们社区的未来，选举官员也更偏向履行他们的责任——在增税前确保选民支持。

（三）州配套资金鼓励了广泛范围的社区参与

近 6/10 的社区受确保获取配套基金的吸引而尝试 CPA 公投议案。在前 8 年，采用 CPA 的市政当局从 CPA 信托基金获得了同等数额的配套资金；在 2008 年 10 月它们获得的资金降至 73%，并可能在 2009 年 10 月降至 35%。随着信托基金数额在经济困难时期持续减少，人们开始担心 2010 财年，该州可能无法 100% 地满足由 140 个城镇筹集的 CPA 资金（Cahill，2009）。

许多政府积极采用 CPA，是因为它们看到邻近社区每年都从 CPA 信托基金获取大量的配套基金支票。国家配套资金金额的下降可能会导致尝试 CPA 的城镇减少，部分城镇可能会选择在五年后废除它。另外，部分社区可能仍会采用 CPA，因为它们认为有一定的配套基金总比没有好。在 CPA 做出重大贡献并享有广泛的公民和政治支持的社区，估计维持当地房产附加税的公众支持受国家配套资金减少的影响不大。

（四）当地对 CPA 花费的掌控创造了机遇和挑战

CPA 授予城镇广泛的权力来实施该法案（只要它们觉得恰当，在法律界限内便可实施）。没有任何州法规来管理 CPA，也没有任何州政府机构具有执行权力来确保该法规的遵守。筹集和支付社区保护信托基金资金的财政局（Department of Revenue）会提供有限的指导。州既不批准也不审查地方有关 CPA 的开支。州内监督的缺乏使得 CPA 对城镇非常有吸引力。然而，缺乏监督也导致 CPA 资金的使用范围超出了法律起草者最初的意图，主要是在休闲娱乐领域。马萨诸塞州最高司法法院（Massachusetts Supreme Judicial Court）2008 年 10 月的一项决策，打击除了基于 CPA 新获得的土地外，利用 CPA 资金创建新的休闲娱乐资源（如球场、照明设施和游乐场）的行为。

（五）社区保护联盟是 CPA 成功的基础

社区保护联盟为制定和通过 CPA 公投议案提供了大范围的教导和技术援助，确保当地计划制订顺畅，并能够有效保护重要的社区资源。基于州内微乎其微的监督作用，这一点显得尤为重要。联盟帮助 CPA 在短短八年内蔓延至州内近 40%的城镇。它还打击了那些将资金重新分配给其他目的的挪用行为。如果没有联盟，CPA 不可能在整个州内占据一席之地。

此外，联盟在保卫 CPA 方面起着重要作用。2007 年 7 月，哈佛大学肯尼迪学院的大波士顿地区 Rappaport 研究所（Rappaport Institute for Greater Boston）发表了一篇批判 CPA 的报告，题为"马萨诸塞州《社区保护法》：谁受益，谁支付？"（"The Massachusetts Community Preservation Act: who benefits, who pays?"）（Sherman and Luberoff, 2007）。正如作者在《波士顿环球报》的后续专栏中所述，富裕社区更有可能采用可选的房产税，而所有社区的居民都需支付更高的房契登记费以补给州匹配资金（Luberoff and Sherman, 2007）。此外，由于配套资金与房产价值挂钩，富裕社区会比贫困社区获得更多的资金。作者还强调了过于宽松的监管要求——很难确定实际上社区如何支出州资金及资金是否得到有效利用。

作为回应，联盟发起了一项教育性活动，向媒体、州立法者和当地社区领导人介绍 CPA 的具体成就，并指出 CPA 的标准高于其他计划这一优势。一家报纸编辑委员会恰当地抓住了这一观点："并非每个州计划对所有社区都具有同等价值。内陆城镇不会申请海堤修复补助金。村庄不会参与州内派别干涉项目。CPA 也不例外。我们不会质疑大波士顿地区 Rappaport 研究所的数据，但我们开始思考它的假设：是否每个州计划都给都市地区带来了不均等的好处？"（Metro West Daily News，2007）。

十三、CPA 经验和教训的应用

为了将 CPA 推向成功，公共土地基金保护融资计划（Trust for Public Land's Conservation Finance）一直积极与其他州的重要领导人分享 CPA 的故事。他们在波士顿举行的 2007 年全国州立法机构立法峰会（National Conference of State Legislatures Legislative Summit）上举办了一次相关的研讨会。来自全国各地的领导者从社区保护联盟的成员处获取了 CPA 的第一手资料。

迄今为止，这些努力尚未取得成果，但必须要记住，马萨诸塞州 CPA 批准的过程耗时近 17 年。它的两个邻州——新罕布什尔州和康涅狄格州——选择建立新的文件登记费来效仿马萨诸塞州，以资助它们现有的土地保护计划。然而，与马萨诸塞州不同的是，两个州都没有将这些新资金用于当地社区建立的专用土地保护基金的激励措施。在纽约州立法机构中，统一授权土地保护征收房地产转让税的长期工作一再受到阻碍。但在 2007 年，两个哈德逊山谷（Hudson Valley）郡——韦斯特切斯特和帕特南（Westchester and Putnam）——的所有城镇都授权实施了土地保护 RETT 的权力。然而，出于房地产市场的停滞不前以及对房地产经纪人强烈反对的担忧，没有城镇选择采取公投议案。

鉴于马萨诸塞州和新泽西州的经验，改变方向并允许征收房产税附加费（作为 RETT 的替代方案）可谓是明智之举。在切萨皮克湾流域（Chesapeake Bay Watershed），公共土地信托基金一直与美国林务局（U.S. Forest Service）合作，以明确 CPA 模式是否可以应用于宾夕法尼亚州的马里兰州（Maryland，Pennsylvania）和弗吉尼亚州的郡，从而保护能够维持海湾水质的土地。这项工作的重点是建立州授权机构，允许所有郡征收用于土地保护的房产税（需经选民批准）。虽然这项工作仍处于成形阶段，但 2007 年进行的民意调查显示，选民对建立这种授权机构有着强烈的意愿。

在美国之外，CPA 带来的宝贵的政府间合作关系的应用也具备一定的前景。2008 年，加拿大不列颠哥伦比亚省（British Columbia）的两个城市——东库特内（East Kootenay）和考伊琴山谷（Cowichan Valley）通过了当地的公投议案，建立了当地专用的土地保护资金。通过探索鼓励省—市或联邦—省伙伴关系的 CPA 模式，有可能扩大不列颠哥伦比亚省和其他省的保护活动范围。保护大量自然资源，对于解决全球气候变化问题至关重要。鉴于这样的保护需要，上述政府间伙伴关系模式没有理由不适用于拉丁美洲。他们需要和跨国非政府组织，如美洲开发银行（Inter-American Development Bank），以及在实地开展工作的保护组织——包括大自然保护协会和环境保护国际基金会共同探讨相关工作。

十四、结论

马萨诸塞州《社区保护法》明确指出，促进大范围保护工作的其中一种方法是鼓励不同级别的政府进行合作。不到十年的时间里，40%的州和城镇的选民已欣然接受通过投票提高自己房产税的机会。受到国家财政激励以及不受约束的自由授权，它们能够选择适合自己社区的方式使用这些资金。总而言之，它们的市政当局已经批准了总额超过 5 亿美元的 CPA 项目。CPA 在整个马萨诸塞州正散播开来，从小城镇到高端郊区，从经济发展受限的城市到季节性度假社区，美洲各地的保护领导者正在从公共保护融资的革命中汲取灵感。

十五、参考文献

Aikenhead，N. 2006. More than 169 acres of Massachusetts' Common Pasture protected. The Trust for Public Land（December）. www.tpl.org/tier3_cd.cfm?content_item_id=21119&folder_id=260

Associated Press. 1985. Land sale tax urged to fund open spaces. *Boston Globe*（March 24）.

Cahill，E. 2009. Stability sought on CPA funds. *Boston Globe*（January 1）.

Community Preservation Coalition. 2009. Community Preservation Coalition database. www.communitypreservation.org/CPAProjectsSearchStart.cfm

General Laws of Massachusetts. 2009. Chapter 44B（as of March 2009）: The Community Pres-ervation Act（chapter 267 of the Acts of 2000）. www.mass.gov/legis/laws/mgl/44b-1.htm and http://commpres.env.state.ma.us/content/cpa.asp

Historic Massachusetts. 1994. *Preservation & People*（fall）: 2.

——. 1997. *Preservation & People*（fall）: 11.

——. 2000. *Preservation & People*（spring）: 15.

Luberoff，D.，and R. Sherman. 2007. Revisiting community preservation. *Boston Globe*（July 27）.

Massachusetts Department of Revenue. 2009a. Community Preservation Trust Fund，year end account balances（ca. February 17）. www.mass.gov/Ador/docs/dls/mdmstuf/CPA/CPAFundBalance.xls

——. 2009b. FY2010 Community Preservation Act（CPA）state match: Trends in the CPA program. www.mass.gov/Ador/docs/dls/mdmstuf/CPA/fy09cpapayment.xls

Massachusetts Executive Office of Energy and Environmental Affairs. 2009. Community Preservation Act. http://

commpres.env.state.ma.us/content/cpa.asp

Massachusetts General Court. 1983. Chapter 669 of the Acts of 1983（An act relative to the Nantucket Islands Land Bank）. www.nantucketlandbank.org/Act.pdf

——. 1998. Chapter 293 of the Acts of 1998（An Act relative to the establishment of the Cape Cod Open Space Land Acquisition Program）. www.mass.gov/legis/laws/seslaw98/sl980293.htm

MetroWest Daily News. 2007. A study's challenge to the CPA.（July 24）.

Mohl，B. 1987. House rejects land bank bill. *Boston Globe*（December 17）.

National Association of Realtors. 2003. The National Association of Realtors positions on transfer taxes（May）. http://www. realtor.org/fedistrk.nsf/c2c6e17e27e92119852572f8005cd953/5c01737a982edbcf852573d400709032?OpenDocument

New Jersey Statutes Annotated. 1997. Chapter 40：Sections 12-15.1.

Phillips，F. 1998. Realtors' spending helped beat Cape land bank. *Boston Globe*（February 6）.

Sherman，R.，and D. Luberoff. 2007. The Massachusetts Community Preservation Act：Who ben-efits，who pays? Cambridge，MA：Rappaport Institute for Greater Boston，Harvard University. www.hks.harvard.edu/rappaport/ downloads/cpa/cpa_final.pdf

Taylor，M. 1999. Community preservation focus of regional summit. *Patriot Ledger*（November 1）.

Trust for Public Land. 2008a. Designing winning conservation finance ballot measures in New Jersey：A guide for local government officials. *Trust for Public Land*（April）.

——. 2008b. LandVote database. www.landvote.org

Wong，D. S. 1997. House overrides Cellucci veto of proposed Cape land-bank tax. *Boston Globe*（November 13）.

第二节　智利私有土地的保护计划
Henry Tepper and Victoria Alonso

一、让保护变得私人化

自 2006 年以来，智利一项促进私有土地所有者采取自愿保护行动的新举措取得了迅速进展。虽然这不是拉丁美洲关于私有土地保护的第一次努力，但这一举措促进了环境保护工作的开展，对于智利和拉丁美洲的其他国家而言是个好兆头。

Marcelo Ringeling 是智利私有土地保护计划（Private Lands Conservation Initiative）中最具影响力的领导人之一。在智利私有土地保护的努力工作中，他身兼两职——智利最成功的 IT 公司之一 Quintec 的董事会主席以及智利公园的董事会成员。后者是一个受人尊敬的自然环境保护非政府组织。智利近期才产生私人保护行动，因此聆听 Ringeling 个人职业动机的故事对于我们来说相当有益，我们好奇是什么让他领导了智利私有土地保护计划。

他与环境保护的故事可以追溯到 20 世纪 90 年代初。那时他与一所低收入学校的主任谈论如何改善智利陷入困境的公立学校系统。Ringeling 作为一名企业高管取得了巨大成功，并探寻着将这些知识带入公共政策领域。他们谈话之后，学校主任询问 Ringeling 是否愿意与教室里 14 岁的男孩女孩们分享他的商业经历，他欣然接受。

他在这次经历的推动下得出结论——可以采取两种方法来帮助智利。他可以在宏观上研究公共政策问题，如果成功的话，可能令国家的巨轮前移一毫米。或者他可以鼓励少数公民更好地了解周围的复杂世界以及他们自身帮助智利社会向前发展的能力。若是在个人层面上努力，Ringeling 认为他可以帮助少数人前进几米。在对公司经理宏观的角色感到厌倦后，Ringeling 决定直接与个人和利益相关者一同研究环境和教育问题。

从他在智利的第 IX 区（也称为湖区，Lake District）的科利科湖（Colico Lake）房产周围远足的热情中可以看出，他与环境保护的联系是直接而紧密的。就算在树林里迷路，他留下的印象也是深刻而良好的。他越来越关注气候变化和基础建设项目对智利美丽景观的直接威胁。这些项目将摧毁他所熟知的、无法替代的瓦尔迪维亚温带森林。现在他面前有两个选择，一是通过公众工作部（Ministry of Public Works）和国家林业局（National Forestry Administration）政府层面的游说，二是与当地居民一起努力保护这个地方。他热切地选择了后者。

他与智利公园联手，发起一项举措，在湖区的一个私有野生动物走廊中进行可持续木材管理的实践。在占地 2 万公顷的 Namuncahue 生物走廊项目（Namuncahue Biological Corridor）中，Ringeling 目睹了政府面对私有土地所有者的可持续森林管理实践时遇到的困难。作为一个替代选择，他和智利公园的同事单独采访了生物走廊的邻居。通过与地方当局和公职人员的讨论和谈判，110 万公顷生物圈保护区（Biosphere Reserve）的愿景开始成形。这种可持续管理的思考模式，在相当于第 IX 区 1/3 面积的地区中是前所未有的。

他表示："现在确信，为了实现这个伟大的生物圈保护区的目标，每个土地所有者、社区、相关利益群体、政府机构和居民都需要在当地开展工作。我们必定会需要很多人来传播这个消息。"现在，连接地中海智利原生森林剩余地块的生物走廊的愿望让他夜不能寐。Ringeling 敏锐的商业判断，让他能够应对在智利实现环境保护的巨大挑战和机遇。"我把这些项目当作让后代参与保护他们一直生活的土地的机遇，并说服他们相信这个新时代的关键之一，就是学习如何对我们的生物圈（我们现在居住的家园）持有不同的看法。"（Ringeling，私下交流，2009 年）。

二、私有土地保护计划

智利私有土地保护计划是智利最杰出的商业理事会之一——智利美国商会（AmCham，总部位于美国的一个非政府组织）、大自然保护协会以及智利私营部门的几位富有远见和影响力的代表之间的独特协同、逢时合作的成果。经过短期一系列活动之后，该计划通过立法，提供重要的公共和私人激励措施，以释放智利私有土地保护的巨大潜力。

21 世纪以来，环境保护者一直想要加强该国的私有土地保护举措。2001 年，总部设在美国的 Weeden 基金会承担了派遣几名智利人参加马里兰州巴尔的摩（Baltimore，Maryland）的土地信托联盟集会的费用。许多参会者在之后成为智利私有土地保护的领导者。当前计划的起源可追溯至 2004 年，TNC 总裁兼 CEO 史蒂文·麦考密克（Steven McCormick）访问了智利，并会见了智利美国商会前任主席迈克尔·格拉斯蒂（Michael Grasty）和执行董事杰米·巴赞（Jaime Bazan）。三人同意这两个组织之间建立伙伴关系（AmCham Special Projects Department，2006）。

从 2006 年 9 月开始，当 TNC 纽约州项目主任亨利·泰珀在圣地亚哥当了三个月保护研究员后，这种合作关系得以加强。这样的伙伴关系是为了探寻 TNC 和智利美国商会让私营部门促进个人捐赠和自愿保护的方法。这一任务由南美洲的TNC 副总裁乔·基南（Joe Keenan）构想。他很早便意识到，积极力量的汇集将会使智利成为一个有希望制定并实施创新保护战略的国家。

虽然智利美国商会与 TNC 之间刚开始的合作比较有限，但由于这一合作的时机恰当，他们都察觉到了一个新兴的历史性的机会——能够在智利建起一种新的保护措施。私有土地保护计划迅速成形。在这项计划中，参与者人数超过了两个组织的总人数。

三、为什么是智利？为什么是私有土地保护？为什么是现在？

四项基本因素促成了私有土地保护计划的迅速成功：智利独特的经济和政治背景；私营和公共部门逐渐认识到加强环境保护和国家自然资源可持续管理的需求；智利无与伦比的美景和受到威胁的生物多样性；适合制定类似 40 年前环境保护者在美国实施的战略部署（当时他们发动了非常有效的土地信托运动）。

（一）智利在拉丁美洲的独特经济政治风貌

自 1990 年智利重新建立民主政权以来，该国在多年的军事独裁统治后，已成为一个稳定且日益完善的民主国家。它的经济在某几个方面十分发达，在中南美洲的诸多国家中脱颖而出。智利是该地区的第三大经济体，人口超过 1600 万，2007 年人均国内生产总值约为 9900 美元，享有拉丁美洲的最高生活标准（Instituto Nacional de Estadisticas Chile，2008）。

　　智利还以其强大的私营部门闻名。私营部门主要有四种采集业——农业（包括葡萄酒作物）、矿业、林业和渔业。该国是世界上最大的牛油果出口国，预计到 2010 年，它将会成为养殖鲑鱼的主要出口国（Salmon Chile，2008）。智利的葡萄酒产业获得了全球性的成功和认可。智利最大的产业是采矿业。2007 年，智利出口了价值大约为 370 亿美元的铜，占当年该国出口商品总额的一半以上（New York Times，2008）。

（二）近期，智利的公共和私有部门意识到了环境保护和自然资源及出　　　口产品的可持续管理的需求

　　智利依赖出口的产业拥有大量具有环境效益的土地。这些行业中许多具有远见卓识的代表意识到：如果智利希望继续扩张经济，必须开始执行拖延了很久的出口产品可持续性实践措施。

　　智利的客户包括欧盟的公司和消费者，以及在美国的大型跨国零售商。在智利购买越来越多商品的企业实体都拥有十分广泛的跨国业务，如家得宝（Home Depot）和沃尔玛（Walmart）。在这些商店购物的消费者，对可持续管理产品的需求日益增长。由采集业主导的强大私营部门和环境可持续性需求的结合，让私有土地保护计划特别适用于如今的智利。

（三）智利拥有丰富且日益受到威胁的美丽风景和生物多样性

　　智利拥有超过 6400 公里的海岸线。它拥有壮丽的峡湾、冰川和冰山，广阔的温带阔叶林，巴塔哥尼亚草原（Patagonian grasslands）和森林，以及地球上最干燥的沙漠和令人惊叹的农业地区。过去 20 年中，追寻壮阔景观的国际游客数量急剧增长。然而智利的自然和农业区域特别容易受到气候变化的影响，这一点加强了居民对全国气候变化的危险警惕意识。

　　TNC 和其他保护组织也在关注智利最稀有且最濒危的生态系统——中央山谷（Central Valley）的地中海式栖息地。它涵盖了第Ⅲ区至第Ⅷ区，包括首都圣地亚哥。世界上仅有五个这样的栖息地，而南美洲则一个都没有。多样化的森林、灌木和植物群落都包含了大量的地方性物种。地中海式栖息地则集中在智利人口最多的地区，与最密集的农业地区重叠。关于这个栖息地最令人震惊的数据是，

与南方更受关注的 15%至 20%被保护的温带阔叶林相比,它的受保护率不到 1%
(Piscoff, 2007)。

(四)智利目前情况与美国当时发动土地信托运动的情况相似

在智利美国商会与 TNC 建立伙伴关系之前,一些环境保护从业者已经发现:
当土地信托运动发起时,21 世纪初智利的经济、政治、环境状况与 20 世纪六七
十年代美国情况惊人地相似。当时,发达且不断增长的经济,明智且有影响力的
私营部门以及逐渐意识到帮助政府保护自然遗产需求的人民,这三者的结合引发
了一系列有针对性的战略行动,为自愿和私有保护提供激励措施。

一开始,这种土地信托运动的规模和范围相对较小,只引起极少关注。直
到 20 世纪 60 年代,主要的土地保护项目大部分仍属于政府的领域,就像如今
拉丁美洲的大部分地区一样。20 世纪 60 年代和 70 年代,一小群具有保护意识
的私有和商业土地所有者开始产生建立第一个土地信托基金的想法。这样的信
托基金创建于 19 世纪 90 年代的新英格兰,属于环境保护和对自然历史遗产进
行可持续管理的慈善机构。20 世纪后半叶出现的一些保护创新者来自显赫家族,
其中包括洛克菲勒(Rockefeller)和梅隆(Mellon)。其他的人则拥有具备重要
国家生态和休闲娱乐效益的土地。虽然许多所有者已经开始自发保护他们的土
地,但他们仍需要某种形式的经济激励(即使是少量的),从而能对其他人产生
影响。

土地所有者在幕后采取了两个关键步骤。首先,他们坚持不懈地与联邦政府
(后来与选定的州政府)一起努力修改税法。到了 20 世纪 70 年代下半叶,他们成
功创立了私有土地捐赠的先例(土地本身的费用捐赠)或土地开发权(即保护限
制或地役权的赋予)捐赠的先例。土地信托或政府将这些捐赠视作税务用途的慈
善捐款。如此一来,这些捐赠能够让土地所有者减免联邦和州所得税,减少不动
产税,并在某些情况下减少房产税。

其次,土地所有者努力制定灵活且实用的法律文件,以支持他们的保护行动。
例如,在保护地役权捐赠的情况下,相同的法律文件保护了土地所有者剩余的私
有房产权。又如,维护房产道路和现有结构的权利。

这些相对简单直接的激励措施和手段的发展,导致美国土地所有者私有保护
举措的迅速增加。虽然媒体关注和政府参与度极少,但私有土地保护运动已成为环
境保护界增长最快的部分。土地信托的数量在 20 世纪 60 年代后期还不到 200 个,
在 2005 年已达到 1667 个。它们累计保护了大约 1500 万公顷(超过 3700 万英亩)
的土地。在土地信托的数量增加和全国分布范围迅速扩大后,到了 21 世纪初,土
地信托和类似的非政府组织已遍布 50 个州(Land Trust Alliance, 2005)。

值得注意的是，私有土地保护属于私人。土地所有者完全出于自愿做出保护其房产的决定，政府仅限于参与土地所有者授权或对捐赠者减税。除非土地所有者选择公开他的行动（也很少有人这么做），否则几乎不会引起公众的注意。

私有土地保护项目启动以来，TNC 的一些高层工作人员察觉到了智利私有土地保护的潜力。这些人包括国家项目前主管马戈·伯纳姆（Margo Burnham）、智利国家代表弗朗西斯科·索利斯（Francisco Solis）、私有土地专家维多利亚·阿隆索、驻阿根廷巴里洛切（Bariloche，Argentina）的 TNC 律师卡洛斯·费尔南德兹（Carlos Fernandez）、多边和双边事务处处长兰迪·柯蒂斯（Randy Curtis）、TNC 的首席保护官威廉·比尔·吉恩（William Bill Ginn）。这些工作人员和世界自然基金会代表与泰珀密切合作，大卫·塔克林（David Tecklin）和布朗温·戈尔德（Bronwen Golder）则与智利美国商会的多元化商业代表探讨私有土地保护的重要性。

泰珀很快发现这些想法很受欢迎。私有土地保护计划早期的大部分成功，与泰珀收到智利美国商会的邀请以及由商会前任主席迈克尔·格雷斯特对圣地亚哥商业社区的介绍密切相关。迈克尔第一个认识到"智利美国商会—TNC"伙伴关系的潜在重要性，也意识到了企业与环保 NGO 社区合作的必要性。格雷斯特评论道："我对 TNC 的做法很感兴趣。作为一个不受关注的环保组织，不选择公开支持或反对开发项目，而是选择与私有土地所有者和企业私下密切合作，以达到他们预期的保护成果。这样的组织似乎可以与商会以及智利合作。"（AmCham Special Projects Department，2006）。

四、私有土地工作小组

2006 年秋天，TNC 的工作人员与智利采集业的四个代表开展了一系列的会议。短短几周内，当时泰珀和智利美国商会的研究主任阿曼达·杰斐逊（Amanda Jefferson）就与私有土地工作组（Private Lands Working Group）的核心成员进行了联系。随着这一团体的形成，私有土地保护计划开始成形并得到实施。该团体的每个成员都非常适合这项雄心勃勃且精心策划的工作。与 Marcelo Ringeling 一起的是 Grasty Quintana Majlis & Cia 律师事务所的创始人亚历杭德罗·昆塔纳（Alejandro Quintana）。专门从事慈善捐赠的有税务律师罗伯托·佩拉尔塔（Roberto Peralta）、指导全球环境基金（Global Environment Facility）资助项目的前任联合国高管 Rafael Asenjo、电信公司 VTR 的首席执行官（兼智利美国商会主席）Mateo Budinich。

该小组根据在美国启动私有土地信托运动的三项修改战略，制订了一项以结果为导向的实际方案。

（1）制定财政激励措施，包括智利税法修改及直接经济补偿。这将鼓励土地保护的私人捐赠。

（2）制定并试验灵活的法律制度以保护私有土地，特别是保护地役权。

（3）利用这些新的私有土地保护手段来保护土地，尤其是地中海式栖息地。

五、策略 1：为私有土地保护制定财政激励措施

（一）税收优惠

泰珀和他在 TNC 的同事发现，支持智利环境保护的财政激励措施极少。智利税法目前为企业提供财政激励，促使它们对教育、文化、体育和扶贫领域工作的非政府组织做出贡献。在环境保护领域却不存在这样的激励措施，也没有针对个体贡献动机的激励。这里有几个有趣的解释——为什么提供或改善对于智利企业和个人税收的优惠会遇到阻碍。

（1）智利现有的税法在拉丁美洲几乎拥有着前所未有的稳定性。政府担心如果扣税额增加，税收可能会减少。

（2）某种程度上，现有的税收系统结构上与税收减免额的增长不相容。

（3）私营部门对社会和教育相关领域的资助和影响，以及具体影响作用在哪些方面引起了一些关注。因为对社会和教育相关领域的支持历来就是政府的责任。

部分专家询问过 TNC 和智利美国商会，并给出这样的鼓励：智利税法重大变革的挑战能够激发私人对环境的贡献。大家也普遍认为，税收改革或许是增强智利私有保护所必需的且最重要的因素。该团队非常荣幸地获得了税务专家 Roberto Peralta 的意见。然而他指出泰珀对智利税法修改的态度过于天真乐观，必须提醒他这项工作有多么困难（如果不是不可能的话）。

Peralta 解释说："简单地说，智利的税法中几乎没有私人保护行动的激励措施。改进现有的法律以鼓励私人保护有许多想法。然而，我们既需要保持乐观，又需要面对现实。这是一项长期的工作，需要环境保护者、非政府组织、企业、智利行政部门和国会之间的合作"（AmCham Special Projects Department，2006）。

这一意见令泰珀和他的同事受益良多，他们继续研究可行的私有土地保护财政激励措施。在智利的最后一周，他和 TNC 的律师卡洛斯·费尔南德斯安排了一项例行会议，向 Peralta 汇报他们的工作。凑巧的是，自上次会议以来的三个月里，由于在智利税法允许的企业慈善捐款清单中添加了扶贫的内容，佩拉尔塔获得了一项重大的立法和法律突破。他提议，扶贫举措成功部署的战略可以适用于私有土地的保护工作。因此，佩拉尔塔成为智利为私有土地保护制定税收激励的有力倡导者，并与他的同事瓦妮莎·拉马克·盖勒（Vanessa Lamac Geller）共同起草

了一份立法提案，该提案将环境方面（包括土地保护在内）的私人慈善捐助列入清单（Geller and Peralta，2008）。

2007 年 8 月，Peralta 和私有土地工作组的其他成员在会见智利财政部部长安德烈斯·贝拉斯科（Andres Velasco）时，取得了重大突破。在会议期间，部长评论道，这是第一次私营部门的代表与他会面，就支持环境保护的内容展开的讨论。最重要的是 Velasco 指派了资深工作成员赫克托·勒休德（Hector Lehuede）来审查 Peralta 逐步构建的税收提案。两人为了完善法案而密切合作。工作组希望在恰当的时候将税收提案作为一项法案提交给智利国会。

（二）补偿

2006 年秋季的另一项会议上，泰珀、杰斐逊、索利斯与昆塔纳以及 Grasty Quintana Majlis & Cia 律师事务所的其他工作人员探讨了私有土地保护的问题。在谈到税务问题和保护地役权时，昆塔纳向团队提出了之前在智利从未出现过的一个问题：在美国，公共或私人资金是否曾直接用于从私人手中购买保护土地？

答案当然是肯定的。几十年来，TNC 和其他许多美国土地保护组织成功倡导了无数公共和私人资金的设立。这些资金的基本依据是：有时私有土地所有者，无论他们对保护的承诺如何，都不能简单地放弃土地所有权（即费用所有权）或发展权（保护地役权）。通常土地信托或政府有必要直接购买、优先保护房产或发展权。

继昆塔纳提出问题后，泰珀迅速联系了三名 TNC 资深工作人员：总顾问菲利普·塔巴斯（Philip Tabas），保护融资与规划总监格雷格·菲什拜因，以及双边和多边事务处处长兰迪·柯蒂斯。他们共同制定了谅解备忘录，描述了在美国建立的保护基金的类型和来源。其中包括州和地方环境债券基金，循环贷款资金，由诸如房地产转让税、彩票、特殊车牌费用及类似费用作为部分支持来源的环境专用资金；基金会的共用资金，用水费，生态服务的其他费用（Tepper，2007）。

这些信息带给了昆塔纳灵感，自 2006 年以来，他一直致力于在智利建立有史以来第一个公私合作的土地保护基金，其创立过程是一项非常复杂的工作，但该团体对 2010 年成立这种以私募捐款为主的基金仍然持有谨慎而乐观的态度。

六、策略 2：制定并试验灵活的法律文件来保护私有土地，特别是保护地役权

在制定财政和税收激励措施时，私有土地工作组也采取了第二种战略。该工作组希望在税收激励措施到位之前，在法律文书方面取得突破。

美国土地信托运动取得巨大的成功，保护地役权的发展（不仅仅是税收优惠）也是原因之一。在历来的英国普通法中（美国遵循的法律体系），保护地役权是一种被写成契约形式的法律协议。它记录了土地所有者给予其土地某些权利或决定一项"契约"。例如，当土地所有者向有资格的非营利保护组织或政府实体转让保护地役权时，该组织有权在该房产上开发额外的建筑物（这是该组织被禁止的行为）。通过这种役权，土地所有者保留了所有其他前契约的所有权，如水权或出入权。

在美国，保护地役权已成为一种非常受欢迎且成功的手段，原因有如下三点。首先，土地所有者不必放弃房产的所有权，并且仍然可以靠其谋生，出售或将其传给继承人。其次，捐赠保护地役权，能够让捐赠的土地所有者享有为慈善捐款节省税额的权利。最后，保护地役权不一定会阻碍发展。它们中的每一个都是根据个别土地所有者的需求量身定制的。有限开发以及可持续土地管理（如林业或农业）经常被用于保护地役权（Byers and Ponte，2005）。

在过去至少十年中，TNC 和其他保护组织一直致力于法律体系的调整，让保护地役权能够在通用拿破仑法律体系的大部分拉丁美洲地区发挥作用。包括智利在内的几个拉丁美洲国家已经起草并试验了地役权模式。然而，将英国普通法调整得适用于拿破仑法仍是一项重大挑战。

私有土地保护计划最重要的突破之一，是 Grasty Quintana Majlis&Cia 律师事务所的助手何塞·曼努尔·克鲁斯（José Manual Cruz）对智利保护地役权的大胆见解。他建议，与其尽力使一种法律制度适应另一种法律制度，还不如创造一种全新的保护土地所有权类别。这种全新的类别被称为"真正的保护权"（一种物权，或保护的真实法律）。

为了实现这一目标，Cruz 和他的同事提出了修改智利民法的提案，以创建新的保护土地类别。这与保护地役权紧密相关。这是一种灵活、功能强大以及专门为智利私人保护而制定的（也许是最重要的一点）可强制执行的法律文书（Cruz et al.，2008）。

Quintana、Cruz 和工作组的其他成员使得他们雄心勃勃的提案变得更加细致和严谨。修改智利的民法并非易事。为了确保创建最强有力的文件，工作组向智利最杰出的宪法律师征求了关于 Cruz 草案的建议。

此外，该组织还受益于位于纽约市律师协会（New York City Bar Association）的非营利组织赛勒斯·罗伯茨·万斯国际司法中心（Cyrus R. Vance Center for International Justice）（简称万斯中心）的技术援助。该中心为了纪念美国前国务卿赛勒斯·罗伯茨·万斯（Cyrus Roberts Vance）而成立，为世界各地的环境和社会公平倡议提供无偿法律服务。万斯中心主席托德·克赖德（Todd Crider）和前执行董事费利佩·勒卡洛斯（Felipe Lecaros）帮助提供"真正的保护权"和税收激励提案的法律审查。万斯中心也正在完善这两种战略对南美洲其他国家的适应性分析。"真正的"的含义可能是深远的。它可以适用于任何使用拿破仑法律体系的国家，同时也吸引了拥有大量私有土地的阿根廷的强烈兴趣。

完善并审查了"真正的保护权"后，工作组将其转为立法提案，成功吸引了智利国会的两党立法倡导者，其中包括帕特里西奥·巴列斯平（Patricio Vallespin）、Jorge Burgos、卡洛斯·蒙特斯（Carlos Montes）和埃德蒙多·埃卢昌斯（Edmundo Eluchans）。2008 年 4 月，该法案正式出台。2009 年全年举行了一系列的听证会，倡导者的目标是在 2010 年 3 月国会解散之前，将立法从智利的下议院提交到上议院。这一重要的立法在智利进展缓慢，因此倡导者希望能在 2010 年或 2011 年通过。

2008 年 4 月下旬，智利国会推出"真正的保护权"后几天，一个由私有土地工作组成员、倡议立法的国会议员、财政部（Treasury Ministry）的 Hector Lehuede 以及 TNC 组成的代表团前往美国访问土地信托专家。这次旅行为工作组成员提供了有关土地信托运转及用途的更多信息。随着旅行计划的推进，来自 TNC 和万斯中心的人员越发惊叹于史无前例的私有土地保护计划的愿景。他们希望美国的选民能够更加了解和支持这项倡议。Weeden 基金会承担了此次旅途的费用，以显示他们对智利私有土地保护的长久支持。

旅途的高潮是两次招待会——一次在纽约，由万斯中心主办；另一次在马萨诸塞州剑桥，由 TNC 和林肯土地政策研究所主办。Patricio Vallespin 针对剑桥听众的演讲引起了强烈的反响。他表达的是整个代表团的想法："真正的保护权"立法是向前迈出的重要一步——尤其是在智利保护工作的历史上，乃至在国家建设一个公平公正社会的进程中。

工作会议和行程包括：①在万斯中心就工作组的三步战略措施进行小组讨论；②参观保护区信托（美国最古老的土地信托基金）和康科德土地保护信托基金（Concord Land Conservation Trust）在波士顿地区持有的保护地役权房产；③波士顿地区历史建筑的游览，如波士顿公园和贝尔蒙特的韦弗利小径（Waverley Trail in Belmont）。

从各方面来看，私有土地工作组和智利国会满载活力、灵感和见识而归。当时 Mateo Budinich 评论道："这个项目的成长是一件令人难以置信的事，我们有幸直接知道这一切如何从一个简陋的开端，成长为一个伟大的计划。"（Budinich，私下交流，2008 年）。

七、策略 3：利用新的私有土地保护手段

私有土地保护计划的独特优势是其野心和可行性的结合。工作组一直认为，

这项努力工作的最终目标是加强智利自然遗产的实地保护，包括生物多样性、全景景观、娱乐休闲区域、工作森林、农场和葡萄园。在访问美国期间，TNC工作人员和土地信托代表强化了这一观点——整个历史中，土地信托运动的特点是其保护行动的推动和衡量的结果。

自2007年以来，该工作组的成员与土地所有者进行交谈，并确定适合作为示范项目的土地，尤其是那些处于濒危状态下的地中海式栖息地的土地。这些项目同时对正在发展的激励措施和法律文书进行测试。毕竟它们能为智利带来重要的新保护。私有土地保护计划的参与者也将从智利现有的保护项目中汲取经验，其中包括道格拉斯和克里斯廷·汤普金斯（Douglas and Kristine Tompkins）的普玛琳公园（Parque Pumalín）项目，野生动物保护协会的卡鲁金卡自然公园项目，TNC的瓦尔迪维亚沿海保护区以及塞巴斯蒂安·皮涅拉（Sebastián Piñera）在奇洛埃岛（Chiloé Island）的坦塔口（Tantauco）公园项目，还有多种具有生态、风景、经济价值的较小的私人保护区的工作。在撰写本章内容时，TNC、工作组成员以及其他智利保护组织（如智利公园）正在制订保卫优先保护区的计划。

智利目前局势与美国上一代之间另一个值得注意和令人振奋的相似之处在于，如今许多具有保护意识的智利土地所有者，在激励措施正式到位之前就想要保护他们的房产。个别一些土地所有者只是想要致力于做正确的事情。虽然许多土地企业希望增强企业的社会和环境责任，但其他人认为，从出口和营销的角度来看，保护是一门好生意。

最初，这些房产将在自愿的基础上使用与"真正的保护权"相同的方式进行保护。下面仅包含一些可能的项目。

（1）从萨帕亚尔（Zapallar）附近的埃尔博尔多山（El Boldo Hill）延伸到圣地亚哥附近的埃尔罗夫莱（El Roble）沿海山脉范围的一组相邻房产被列入考虑范围。它们的保护将包含在一个复杂的长期项目中，以创建一个关键的地中海式栖息地走廊。环境组织或顾问将向该走廊地产的土地所有者提供全面的土地管理援助。想要自愿保护其房产的人数迅速增长，为智利公园和TNC带来人员配备方面的挑战。

（2）地中海式栖息地中心的一个或多个葡萄园，将以适应可持续葡萄种植的方式得到保护。私营部门工作组特别关注这种以市场为导向的保护战略，并在世界其他地中海式葡萄种植区域得到应用。

（3）圣多明各（Santo Domingo）地区的私人湿地综合体，既可以与地中海式栖息地的环境教育倡议蓝本相结合，也可以与南部更大范围的公有湿地的长期保护相关联。

TNC及其合作伙伴通过与私有土地所有者的扩展和合作来保护房产的重要

性是显而易见的。TNC 全球地中海保护前任主任杰夫·帕里什（Jeff Parrish）已经制定了潜在的强大战略，将智利地中海与全球对应的栖息地联系起来。他特别强调为葡萄酒和牛油果等出口产品制定共同的可持续管理措施。

八、在智利建立土地信托

私有土地工作组的工作清楚地表明，建立一个或多个智利土地信托迫在眉睫。这些信托的目的同北美的保护地役权相似。目前，智利没有这样的组织。鉴于"真正的保护权"的立法可能会允准通过其他对保护捐赠进行税收激励的法案，以及土地所有者自愿对其房产进行保护，创建一个与土地所有者合作并接收保护土地捐赠的非政府组织至关重要。

工作组可能会建立一个或多个新的非政府土地信托基金，或者现有的非政府组织可以发展土地信托的功能。无论哪种方式，他们都迫切需要采取上述行动以适应智利土地所有者及其保护房产的需要。在本书出版的时候，他们可能已经迈出了第一步。

九、结论

在撰写本章内容时，为了能够在智利发起一项全面的私有土地保护运动，显然还需要做很多工作。通过"真正的保护权"立法，在国会引入税制改革提案，并将私有土地战略的基本原则应用于实地保护项目是必须要做的事。此外，还需要采用环境保护教育、市场营销和传播等手段来满足智利对更加完善的保护准则的需求。

尽管如此，对这一刚刚起步的工作的反思是恰当的。目标无非是想改变整个国家的环境保护情况。无论如何，智利在很短的时间内已经取得了不少成就，并且为一种潜在的实用型新保护措施实施奠定了基础。智利也完全有可能成为拉丁美洲及其他国家效仿的范例。

虽然关于环境保护工作成功的原因很难概括，但私有土地保护计划有几个值得注意的关键部分。首先也是最重要的，它得益于私有土地工作组个体成员的努力、才华和愿景。每一个组员都实事求是，并在税收、房地产和宪法、公共政策以及治理管理方面贡献了自己独特的专业知识。工作组取得了巨大进步并达成了远大的目标。该计划得到了具有威望的非政府组织的长期支持，特别是 TNC 和智利美国商会的独特合作伙伴关系，并且还吸引了来自万斯中心、Weeden 基金会等的援助，以及来自 Bronwen Golder、温迪·保尔森（Wendy Paulson）和世界各地的众多其他专家等重要的个人技术及财务援助。

最后，由于智利具有真正独特的品质和特色，所有的因素都汇集在一起。这个国家拥有壮丽的美景和生物多样性，占主导的强有力的私营部门，不断提高的生活水平，不断扩大的经济以及一个稳定民主的政府。私有土地保护计划的成功，得益于人们认识到这是智利特别重要甚至是历史性的一个时刻。智利有独特的机会和义务，通过决定性的公共和私人举措保护其自然遗产。正如全球环境基金拨款项目的主任拉斐尔·阿森霍（Rafael Asenjo）所说："星星终于连成一线了"（Asenjo，私下交流，2009 年）。

智利令人惊叹的出口驱动的经济成功，伴随着可持续土地管理及其保护活动的大幅增加，促成了私有土地保护计划。正如那句老话所说的，这是一个双赢的局面。而智利可以通过引起人们共鸣来做得更好。这次成功意味着该国的商业和土地所有者社区将领导南美其他地区（以及世界大部分地区）对国家自然资源进行可持续管理。为了后代和未来的游客，它最不可替代的生态宝藏将受到更多保护。

十、参考文献

AmCham Special Projects Department. 2006. Promoting private conservation. In *Business Chile*（Decem-ber）. www. businesschile.cl/portada.php?w=old&lan=en&id=389

Byers，E.，and K. Marchetti Ponte. 2005. *The conservation easement handbook*，2nd ed. Washington，DC：Land Trust Alliance；San Francisco，CA：The Trust for Public Land.

Cruz，J. M.，A. Quintana，et al. 2008. Proposal for the establishment of a real property right for con-servation（*derecho real de conservación*）in Chilean legislation. Private Lands Working Group document. Available from valonso@tnc.org

Instituto Nacional de Estadisticas Chile. 2008. www.ine.cl

Lamac Geller，V.，and R. Peralta Martinez. 2008. *Tax incentives for conservation in Chile*. Santiago，Chile：Privately published. Available from rperalta@tyd.cl or vlamac@tyd.cl

Land Trust Alliance. 2005. *2005 National Land Trust census report*. http://www.landtrustalliance.org/about-us/land-trust-census/2005-report.pdf

New York Times. 2008. Chile：Copper dependence highlights vulnerability. *New York Times*（November 9）. www.iht.com/articles/2008/12/09/news/09oxan-CHILECOP.php

Piscoff，P. 2007. Análisis de representatividad ecosistémica de las áreas protegidas públicas y privadas en Chile.（April）.

SalmonChile. 2008. SalmonChile. http://salmonchile.cl（Spanish）or www.siges-salmonchile.cl/proysigesingles/（English）.

Tepper，H. 2007. *Increasing private land conservation action in Chile：Report and recommendations*，appen-dices 4 and 5 by G. Fishbein. Arlington，VA：The Nature Conservancy. Private report available from valonso@tnc.org or htepper@audubon.org

U.S. Department of State. 2008. Background note：Chile. http://www.state.gov/r/pa/ei/bgn/1981.htm

第三章　有 限 开 发

在过去的几十年里，生态保护的观念已有了较大的改善。在 20 世纪中期，保护组织常常争辩说，新的保护区应该与文明社会分开来。如今大型的保护组织却都能够认识到，人类活动必须和任何景观层面的保护区规划融为一体。

以位于南美洲南端的火地岛（Tierra del Fuego）卡鲁金卡（Karukinka）保护区为例，当地的野生动物保护协会的项目负责人以及其顾问委员会成员认为，那里的兼容发展必须为当地居民提供经济机会和社会公平的条件。在"美洲环境保护资本"会议的开幕仪式上，智利天主教大学（Pontifical Catholic University of Chile）教授和卡鲁金卡保护区的顾问委员会主席吉列尔莫·多诺索（Guillermo Donoso）概述了卡鲁金卡保护区（数十万公顷）的新愿景。他强调，卡鲁金卡保护区规划过程为社会各界提供了一个履行"社会责任的独特机会"，无论是当地社区、商业领袖、智利政府，还是非政府组织利益相关者（Donoso，2009）。

将人类居住区融入小规模、局部规模和大规模景观的保护工作，是一种新出现的艺术形式。而我们该如何做到这一点呢？在第一节中，Jeff C. Milder 介绍了在美国实现的一个有限开发项目的框架。他的案例研究展示了私人捐赠者和非营利组织如何通过长时间小规模的方式来实现其合作目标。

在第二节中，José Gonzales 和 Hermilio Rosas 制订了秘鲁政府的远大计划。在这项计划中他们与一位富有开拓精神的考古学家密切合作，为整个河谷的可持续发展制订总体规划。他们必须在严格限制开发的同时做到可持续发展，以免破坏古代文明的重要遗址和该文明所处的自然环境。

在区域范围内的公共规划与更接近地方规模的私营或非营利计划之间取得的平衡，将是未来几年乃至几十年内影响西半球有限开发的关键因素之一。

参 考 文 献

Donoso，G. 2009. Karukinka: New model for conservation of biodiversity. Presentation to conference on "Conservation Capital in the Americas" (January 17).

第一节　通过有限开发资助环境保护

Jeff C. Milder

科罗拉多州前方的山脉上有着树木繁茂的山麓小丘、层层叠叠的溪流、开阔的牧场和青翠的草地。西边，落基山脉高峰耸立；东边绵延着一片肥沃的平原，一直延伸到草原上。如此自然环境自然而然地吸引了越来越多的新居民——这种趋势被称为舒适性移民（amenity migration）。美国各地的风景区都有着类似现象。来自丹佛和附近其他城市的都市蔓延增加了发展压力，提高了土地价值，为农民和牧场主提供了给有钱人定价的机会。

对于在这些地区工作的非营利土地保护组织（土地信托）而言，高地价和开发商的竞争对实施连贯的景观层面保护策略构成了巨大的挑战。依赖常规慈善支持来源的团体（如个人捐赠者和基金会）经常会发现：在开发商开发分配重要栖息地、流域或农业用地之后，他们的资源多于资金一向充足的开发商。一些土地信托公司试图利用公众愿意为开放空间支付费用这一心理，已经成功提倡采用公共保护资金措施，如州或地方层面的开放空间债券①。然而，此类计划往往限制了有资格获得公共资金或共同农业政策中每英亩支出的土地类型，从而在保护融资基础设施方面产生重大差距。

科罗拉多开放土地（Colorado Open Lands，COL）的创始人敏锐地意识到传统保护方法的局限性。在 20 世纪 80 年代早期为全州范围内崭新的土地信托开辟道路时，COL 决定采取一种不同的、更具企业性的方法。COL 并没有打击科罗拉多州不可阻挡的房产趋势，而是利用这些趋势来帮助他们实现保护的目标。

根据 COL 在景观保护、房产开发和融资方面的共同经验，创始人制订了一项商业计划，号召进行战略性保护性的房产投资以捍卫重要地块的景观保护价值，同时产生足够的收入对景观保护进行自我融资，以及维持和发展新生的组织。最初的 20 年中，COL 实施了美国一些最大最成功的保护和有限开发项目（conservation and limited development projects，CLDP），这些项目共计保护了至少 15 000 英亩的土地。过去的十年中，该组织已经改变了保护策略，现在主要与土地所有者和开发商合作开展 CLDP。

本章回溯了 COL 的故事，阐述了有限开发在多元化保护战略组合中发挥的重要作用。其中，它定义了"保护和有限开发项目"，介绍了几个项目模式，确定了这些项目的参与者。COL 实施或催化了这些项目，并提出了判定项目成功的一套标准。此外，本节还讨论了有限开发的保护区管理中的一些机遇和挑战。并在最后探讨了在整个美洲使用有限开发进行保护融资的一些新兴趋势和前沿项目。

一、保护开发及保护和有限开发项目

保护和有限开发项目是一系列土地使用措施的一部分，统称为保护开发——

---

① 美国的公共保护资金议案由 Trust for Public Land's LandVote 项目跟踪。

一类将土地开发、保护和创收结合起来，同时为自然资源提供实用保护的项目①。此类项目在规模和发展密度、涉及的参与者、最终保护和融资成果等方面有着丰富多样的形式，项目与项目间差异较大。然而，所有这些项目都基于资源型的场地规划过程，因此重要资源（如敏感栖息地或生态社区、水资源、生产性农田和风景建设）可以明确受到永久保护，同时可以开发保护价值较低的地点②。正是这种开发能够资助或启动（否则不可能发生的）保护和土地管理运动。

保护开发范围的其中一个方向是开发低密度项目。未来新住房建设的机遇为土地所有者提供收入来源，或激励他们将一部分土地用于保护。这些项目通常只包括一个或几个新房。但即使是这样相对较小的开发密度，也可以为土地信托筹集大量资金，或者补贴财务平衡以提高土地保护可行度。此类项目通过使用传统慈善和公共资源以外的额外保护融资，可以帮助提高土地信托的综合保护能力，让它们不再投机取巧，并且积极主动地识别并保护优先级高的土地。

另一个方向是由利益开发商启动的高密度项目，其仍然提供了受保护土地的关键部分和重要保护效益，包括保护细分和以保护为导向的社区规划。这两个方法都为城郊和远郊的传统土地开发提供了影响较小的一种替代方案。保护细分属于住宅开发，通过集中开发比通常准许的更小地块，将一个地点的主要部分作为保护地。社区规划属于大型开发项目，规模从几百到一万多英亩不等，通常是住宅类型、商业空间、公共设施和保护区的混合体。这两种类型的项目，通常都是根据分区允许的最大开发密度（或接近最大密度）建造的。此类项目通常受到当地分区法规（或者在较小程度上，受到州和联邦法律的约束）制定的监管要求或激励措施的驱动。

CLDP 介于这两个方向之间，通常建设并出售一些新的房地产开发项目，但其密度只是当地分区法规通常允许密度的小部分。虽然这些项目也被称为有限开发项目或保护性开发（limited development projects or protective development），但GLDP 强调保护是成功的一项重要标准和目标。CLDP 具有各种不同的形式，其典型的特征和可变性范围如下所述。

1. 项目倡导者

CLDP 由一群拥有不同目标的参与者执行，包括：①受保护目标驱动的土地信托，有时会利用有限开发来保护它们无法保护的房产，或者非最优先购买的土地（如核心自然保护区周围的缓冲区）；②受保护和经费目标双重驱动的私有土地

① 这一定义来源于 Milder（2007），描述了不同种类保护开发及其特征。
② 关于生态场地规划过程和实践的进一步讨论，见 McHarg（1969）。这一概念及其应用的更新表述，见 Arendt（1999）、Perlman 和 Milder（2005）、Steiner（2008）。

所有者；③主要受经费目标驱动的私人开发者，尽管他们通常受到隐含的保护伦理的指引。

2. 开发密度

正如"有限"一词指示的那样，CLDP 中的开发密度明显低于分区和其他法规一般允许的开发密度。在美国，CLDP 通常为最大开发密度的 5%～25%，在一些大片农村土地上这个数字可能低至 1%～2%。

3. 开发模式

高端的单户住房通常为固定的 CLDP 的开发组成部分。这种模式通常会带来每单位开发的最大收入，因为购房者愿意为优美的景色和高端独特的环境支付额外费用，并且周围土地担保的保护限制会永久保留。即便如此，一些 CLDP 依然包含其他类型的开发项目，如经济适用房、多户住房，甚至是零售空间[①]。此外，许多项目还包括为居民及其访客提供的娱乐设施、旅馆或其他设施[②]。

4. 相关公共政策

美国许多 CLDP 利用联邦税收激励措施，以及部分州现有的激励措施，用于慈善捐赠土地或保护地役权[③]。此外，少数司法管辖区为鼓励有限开发项目而给予相应的激励措施，例如缩短时限或进行基础设施开发。然而，这种激励措施并不常见。更常见的是，区域划分法规对过多基础设施（如铺设宽阔的道路）的授权阻碍了 CLDP。这样的授权对侧重于资源保护和最大限度减少对环境影响的低密度项目而言并不适用。

二、经济模式

CLDP 的经济模式和相应的财务结果差异很大。然而，大多数项目通过将原始未分割的地块开发为合法批准的建筑工地，准备出售给未来房主或建筑商来增加土地价值——这一过程通常能够让每英亩土地价值翻倍。这种利润增长通常会

---

① 更多关于保护与经济适用房项目的资料，见 Briechle（2006）。

② 与拉丁美洲其他更广泛的保护手段相比，如私有保护地区和生态旅游，CLDP 并不是独特的。与 CLDP 相似，这些方法有时涵盖了新的住房、酒店设施或在保护区内或周边休闲设施的建设。

③ 保护地役权是役权授予者（通常是土地所有者）和被授予者（通常是保护组织）之间的合法约束协议。通常限制或禁止地产上的未来开发，也可能规定其他土地用途或管理限制。大多数的保护地役权都是永久的且"与土地并行"，即保护地役权和当前及未来的土地所有者相捆绑。在美国，向保护组织捐赠保护地役权的土地所有者也许能获得与捐赠价值相当的税务激励。例如，一个 500 英亩农场的所有者决定只在其地产上开发五个房屋，而令其 95%的土地执行保护地役权，也许能获得税务减免。具体激励措施由放弃开发的价值损失决定。

成为土地投机者和开发商的资本积累，但在土地信托驱动的 CLDP 中，它被用于资助保护。在开发商和土地所有者驱动的项目中，每英亩土地价值的增长让提倡者只用开发某地区的一小部分就可以获得大量收入。

由土地信托发起的保护项目通常需要涵盖所有项目成本，包括土地获得、项目实施、工作人员时间以及未来土地管理和监测的资金捐赠。因此，土地信托发起的 CLDP 的共同目标是收录充足的开发资源以涵盖所有项目成本，且不能对起初激励项目的资源产生威胁。在一些由土地信托驱动的 CLDP 中，开发收入仅涵盖项目成本的一部分，其余部分来源于公共或慈善机构。

尽管利润一般低于选择全密度开发，由利益开发商经营的 CLDP 却可以获得合理的投资回报。因为这些项目开发成本小，只需较少的现金支出用于项目地基础设施建设，项目风险较小。此外，CLDP 中的房屋地块是相对独特的房产，可用性有限，针对特定的市场，它们会比传统住宅更快出售。因此，常规郊区和郊外细分所面临的市场消减约束可能不会对 CLDP 产生影响①。

对于私有土地所有者而言，当想要获得足够价值以满足财务需要时，有限开发作为用于房产保护的妥协相当诱人（有时甚至仅考虑到经济利益也是极好的选择）。例如，一些地理位置优越的房屋销售可以产生可观的收入，而捐赠剩余土地上保护地役权可以获得所得税减免，有助于抵消出售这些地块的税负②。鉴于获得 CLDP 的收入早于将整块土地出售给开发商，因此有限开发的净现值可能相当于甚至超过销售的全部开发价值③。

三、成功的标准

乍一看，CLDP 似乎是一种自相矛盾的策略。在这种策略中，环境保护者通过引入一些他们起初想要防范的威胁（如土地开发、碎片化等）来寻求土地和资源保护。这样的情况下，项目保护的成功不仅要以绝对方式衡量，还要在潜在的"照常做生意"情况下，考虑如何减少保护对象所面对的威胁。

CLDP 的保护成功取决于三个因素。第一个因素是对现场资源的保护力度（以及负面影响程度）。在许多地块上，自然资源的质量存在相当大的异质性（如农田

---

① 虽然在 CLDP 中并没有研究这一趋势，但这一现象已经被保护管辖区记录（Mohamed，2006）。

② 只有当地役权的房产价值低于没有地役权的价值时，保护地役权捐赠才有资格获得减税。在某些房产和某些地产市场中，有限的开发方案实际上可能是房产的"最高和最佳用途"。在这种情况下，土地所有者不会通过捐赠保护地役权而牺牲任何价值，而地役权也没有资格获得减税。

③ 净现值是一种财务分析方法，它考虑了收入和支出的时间，以反映个人和公司对其目前拥有的资金的价值高于未来承诺的资金的价值这一事实。开发项目的回报净现值等于当前贴现至今的所有当前和未来收入流的总和减去截至当天的所有支出的总和。例如，假设每年贴现率为9%，那么向开发商出售 500 万美元土地的净现值（五年后支付）将为 325 万美元。相比之下，在一年后实现房地产收入的 CLDP 将仅需要返还 355 万美元以提供相同的净现值。

土壤的肥力或栖息地类型的质量和稀有性)。确定土地的低价值部分，尽量减少这一部分开发对关键资源的负面影响。第二个因素是项目对周围景观中保护价值的影响，如栖息地连通性、流域功能或大块开放土地。这一影响是维持资源价值的重要部分。第三个因素是项目在长期土地经营和管理方面的恰当力度，以便在面对不断变化的环境本身和保护威胁时，保持资源的良好状况。人类与保护区的邻近程度可能有助于这一事业，也有可能损害它。我们可以在衡量保护成功的八个指标中发现这三个因素（专栏 3.1)。

专栏 3.1 CLDP 保护成功的标准

列举明确的标准在评估 CLDP 的净保护影响时是有帮助的，以判断 CLDP 是否是特定场地适当的保护手段，或比较特定场地的各种替代情况（如完全开发、有限开发和完整保护）。下面八个指标具有广泛的通用性，能够应用于具有任何保护目标的所有场地，但也会考虑对特定场地保护目标的影响。通常而言，指标 1 至指标 6 衡量项目开发部分对场地保护资产的负面影响；指标 7 和指标 8 则考虑项目多大程度上涵盖维持或提高场地保护价值可行性的积极措施。

指标 1：土地改变。多少场地被改造成了开发地区，如建筑物、道路、道路边缘、草坪、花园或休闲区？

指标 2：边缘效应。场地的哪一部分由于靠近开发地区而使资源价值降低了？这种"边缘效应"区域是通过适当的边缘效应距离缓冲改变的区域来计算的，边缘效应距通常在 10 米到 100 米的范围内。

指标 3：分段和连接。自然或农业区域在多大程度上被开发、贯穿或破碎？如果在较大的景观环境中考虑该场地，该项目是否受到保护或连接走廊和/或大块未开发土地的影响？

指标 4：不渗透地表。场地的哪个部分被不渗透的表面覆盖（如建筑物和道路）？不渗透表面覆盖是测量土地利用变化对水资源影响的可靠指标。

指标 5：河岸保护。该项目是否保护了沿湖泊、溪流或海洋的自然缓冲区？这些缓冲区的宽度和连续性如何？

指标 6：对特定场地保护目标的影响。怎样的特定地点保护目标激励了这个项目？这些目标在受保护土地或资源的规模、条件和景观背景方面的要求是什么（例如，栖息地斑块大小和连通性；水量和水质）？项目是否符合要求，或者相对于场地的可能替代方案，它们的表现是否有着明显的优势？

指标 7：恢复。该项目是否利用开发收入来资助退化土地或资源的恢复？这些恢复活动的结果是什么？

指标 8：长期管理。该项目是否具备永久进行适合该场地自然资源的长期管理的能力（包括一个合适的管理实体和可持续的资金来源）？

资料来源：Milder 等（2008）

除了提供有效的保护外，成功的 CLDP 还应满足其他几个要求。首先，项目应符合支持倡导者的合理的财务目标。其次，它应得到当地社区利益相关者的积极认可和广泛支持。最后，在涉及土地信托的范围内，项目不应过度使用财政、人力资源或损害开发者声誉来破坏、威胁开发者。这些附加要求在随后的案例研究中将再次被提到。

四、扩张：利用 CLDP 来保护科罗拉多州的牧场景观

20 世纪 80 年代和 90 年代期间，科罗拉多州开放土地（COL）将大部分注

意力集中在保护科罗拉多州快速发展的都市中心附近的农场、牧场和森林上。它的目标不仅是保护自然资源，还希望确立城市边界以防止社区被大都市吞并。基于这一重心，当快速发展的道格拉斯郡（Douglas County，离丹佛南部只有45分钟的车程）中占地3400英亩的松崖牧场（Pine Cliff Ranch）的所有者向土地信托捐赠他的牧场时，COL表现得非常热切。然而牧场的主人提出了一个要求：他的慈善目标包括捐赠给其母校100万美元。他做出了这样的规定：COL应转售这一牧场，维持其核心保护价值，同时筹集到足够的钱来实现这一捐赠。

虽然这样的规定在土地捐赠中并不常见，但COL仍然选择接受，因为该牧场具有极高的保护价值，包括了超过三英里的未开发的加伯河（Garber Creek）和西梅溪（West Plum Creek），大型哺乳动物的冬季栖息地及迁徙地带，可耕农田和其他非同寻常的美景。作为位于弗兰特山脉（Front Range）的部分地区中最大最完整的牧场生态系统之一，该牧场还为普雷布尔（Preble）的草原林跳鼠（被联邦政府列为受威胁物种）以及濒危的尖尾草原松鸡提供栖息地。此外，西梅溪的排水系统是科罗拉多州最后一个已知的北方红腹鲮鱼的栖息地。

对于松崖牧场地产的进一步分析表明，COL还需要保护两个相邻地块相接的重要部分，以彻底捍卫这一地区的保护价值。位于东南部的占地830英亩的阿里斯牧场（Allis Ranch）还包含了一条重要的野生动物走廊和西梅溪一段1.5英里的流域。西南部的齐格勒牧场（Ziegler Ranch）沿山脊延伸，进入到以松崖牧场为主的宽阔山谷里。如果齐格勒牧场风景优美的北部被开发，整个山谷的特征将会改变，齐格勒作为牧场的价值将会下降，松崖牧场的保护价值也会被破坏。

COL的目标是捍卫每个地点的关键保护价值，对较大的牧场综合体做出贡献，同时创造足够的收入以提供对该保护的资助，并对规定的100万美元捐款加以执行。从最佳放牧潜质和最高质量的野生动物栖息地地区的刻画开始，该组织的土地保护工作人员在三个地区启动了一个有序的场地规划程序。他们还对溪流、河岸带和其他水资源进行了分析，由此确定地块中哪些部分对于维护公用高速公路和小径的视野最为关键。同时工作人员还评估了每个地点的潜在房地产价值。通常在CLDP中，具有高保护价值的区域往往是最理想的开发地点。场地规划者必须进行权衡以保护资源，同时满足项目的收益目标。理想的情况是：可以将收益极多的开发场地置于资源价值较低的地区——最好是在已受到影响或退化的地区或附近。

实际上，松崖牧场、阿里斯牧场和齐格勒牧场的场地规划涉及协同增效作用和权衡取舍。COL对于松崖牧场实施了保护地役权，然后将整个地产出售给了单独的保护地买家。地役权规定，所有者之后可以将牧场细分为最多四个额外地块，每个地块只允许建造一个单独的新房屋。这些房屋只能在指定的位于高植被区域内的建筑围护结构内建造，以避开主要的放牧地点，从而减少对景观的视觉影响[①]。良好的市场条件创造了足够的收益，使得 COL 在执行捐赠者规定的 100 万美元捐款后，依然留下相当多的盈余。

为了赚取足够的钱来支付阿里斯牧场和齐格勒牧场的土地购买费用，COL 需要规划比松崖牧场更高的开发密度。土地信托将齐格勒牧场分为两个较小的区域，并将这些区域出售给遵守保护地役权的保护地买家，其役权允许每个区域开发一栋新房屋。而对于阿里斯牧场，预计需要十个房屋地块才能达到收支平衡。虽然整个场地具有一定资源价值，但 COL 的工作人员一致认为，如果开发项目位于西梅溪附近且不相邻，则产生的影响最小。这一位置可以最大限度地减少新房屋的视觉影响，同时保持两个草场在单一的、共同的所有权下完好无损。由于房屋地块横跨河岸走廊，COL 需要谨慎确定房屋的位置。因此，35 英亩的房屋保护地役权将每个地块的开发限制在位于河岸走廊外 3 英亩的围护结构中。该保护地役权也限制了任意新建筑的建筑面积和高度。这一妥协在保护河岸走廊的同时，也通过保证每处房产的河景视野以及飞钓和其他娱乐活动的私有权利，提高了每个地块的销售价值。

在所有这些项目中，COL 作为领导者，承担主要的开发职责（包括最终产品的场地规划、细分和营销）。在最后的分析中，这三个项目一共保护了 4600 英亩的土地，批准了 16 个房屋用地。迄今为止，阿里斯牧场上的八座房屋已建成；其他八个地点仍未开发。如果 COL 没有实施这样的 CLDP，这三个项目地区可能已发展成超过 135 英亩的"小型牧场"。如果土地被重新划分为邻近开发场地的乡郊住宅用地，场地可能会划分为多达 900 个郊区房屋地块。

考虑了所有项目的成本后，COL 在阿里斯牧场和齐格勒牧场的项目上实现了收支平衡，并在松崖牧场项目中实现了 300 万美元的净盈余。这一收益被纳入 COL 的资本基金中，对推动该组织之后的发展，加强其资助大型保护项目的能力，以及保护其现有的地役权起到了至关重要的作用。

五、障碍：挑战、限制和新方法

这些令人惊叹的数字突显了有限开发的诱惑力，非营利和营利的参与者被其吸引，希望通过行善获得福报。然而，COL 在阿里斯牧场、松崖牧场和齐格勒牧场的项目经历中并非没有遇到过重大的挑战和困难。

---

① 建筑物包裹是可以允许未来开发的指定区域，而此区域之外禁止开发。CLDP 通常使用建筑围护结构来确保开发不会侵占重要的保护区域。这些限制通过土地分割和所有权协定，或通过保护地役权的规定在法律上体现。

首先，虽然这些项目最终能够达到收支平衡甚至盈余，但它们需要大量的现金支出。就松崖牧场而言，COL 最终持有该地产 13 年，并在 1993 年原始捐赠者去世至 1999 年将其出售给保护买家期间，持有六年临时土地管理权，COL 需要每月花费数千美元来履行其职责。COL 持有阿里斯和齐格勒牧场地产的时期较短。在与卖方达成良好的融资协定后，COL 可以分期付款，使得其在牧场的付款期限截止之前，就能够得到部分开发收益。COL 利用大量的内部资本基金，支付购买土地的初始分期付款，并提供一些开发活动的资助。大多土地信托基金的营运资金都供不应求，将这笔资金投入某项 CLDP 意味着它们将无法资助其他项目。

除了给组织带来财务压力外，这些项目还要求 COL 的员工和董事会承担各种具有挑战性的土地开发职责，如批准许可、工程建造和房地产营销，通常来说这些并不属于保护组织的核心能力范围。雪上加霜的是，尽管 COL 努力向邻近居民和社区成员展示这一项目及其带来的益处，部分利益相关者最终仍然反对这些项目，甚至质疑一个保护组织为何会参与开发。正如这一经历所表明的，CLDP 有时会受到与传统开发项目相同的消极审视——即使与传统开发项目相比，CLDP 的结果对当地社区来说更有益。

鉴于在这些项目中遇到的财务、组织和公众看法上的挑战，COL 随后做出了一项战略决策，即中止这些项目在 CLDP 中的主导作用。COL 后期许多项目仍结合了保护和有限开发，但使用了其他模式，COL 在其中是场地规划师、保护顾问或保护地役权持有者，而不是扮演开发者的角色。例如，土地信托可能会选择与以保护为导向的项目利益开发商合作。在这些项目中，土地信托可以协助设计场地以将其保护价值最大化，随后在受保护的土地上拥有保护地役权。虽然此类项目通常包括比土地信托发起的 CLDP 更多的开发（因此有更大的负面环境影响），土地信托依然可以通过影响这些项目来增加其提供的功能性保护效益，从而提高环境价值。

土地信托还可以与希望保护自己大多数房产的土地所有者合作，同时保留部分未来的发展机会，以达到财务目标。在这种关系中，土地信托既不购买土地也不进行耗时的开发任务，如批准许可和营销，因此整体风险和资本支出仍然较低。然而，通过帮助土地所有者为其房产制订场地和财政计划，土地信托仍然可以获得良好的保护成果，包括永久保护 80% 至 99% 的场地。

COL 在最近的几个项目中采用了这种方法，其中最大的是福布斯·特林切拉牧场（Forbes Trinchera Ranch）。它占地 81 400 英亩，位于丹佛以南约 200 英里处。几十年来，出版业巨头马尔科姆·福布斯（Malcolm Forbes）家族一直持有特林切拉牧场，并将其作为私人野生动物保护区、牧场和狩猎场地进行管理。作为科罗拉多州最大私有土地的一部分，该地产包括了多样的自然和管理生态系统，包括针叶林、灌溉草地、宽阔的河谷以及海拔 13 000 英尺①以上的几个高峰和山脊。近几十年来，该家族通过选择性伐木、控制燃烧、割草和其他做法来改善这片土地的野生栖息地和植被质量。

这个家族对于牧场的保护决定，部分出自将这一独特地产永久保持在天然状态的愿望。这一决定也为保护地役权捐赠的税收优惠所推动。在科罗拉多州，保护地役权捐赠不仅可以获得联邦税收减免，还可以获得用来抵消其他收入税收债务的州信贷。此外，通过降低土地的评估价值，保护地役权或许能够减少遗产税，在某些司法管辖区也可能减少房产税。

该家族希望将该场地维持在较为天然的状态，同时其成员还希望能够为家庭成员、狩猎顾客或其他人群建立少量的额外住宅。为了实现这一目标，COL 与这个家族共同制定了一项保护地役权，在现有牧场总部附近的四个围护结构内保留了开发多达 17 个新住宅的权利。就算这些居住场地被开发，房产的保护价值也几乎不受影响，但它们能为所有者提供至少价值 2000 万美元的安全网，从而抵消对辽阔地产持续开发限制造成的经济影响。到目前为止，这些保留的居住场地都没有被福布斯家族或现在的所有者（在 2007 年购买了该牧场）开发。特林切拉牧场的成功保护与附近 35 000 英亩牧场的遭遇形成鲜明对比——那些牧场被细分为数千个五英亩的居住地块。

在土地所有者和开发商主导的有限开发项目中，COL 确保成功的基本方法与早期自发项目相同。COL 首先评估场地的保护价值，并分析这些价值与有限开发的兼容性。接下来，COL 员工与项目合作伙伴协作，评估这种兼容的开发水平是否能够产生足够的收益来满足项目支持者的需求。如果评估结果显示能够满足，项目就可以继续进行。通常 COL 将采用指定保护区域的保护地役权。如果需要更高程度的开发来满足支持者的财务目标，并且这种开发会严重危及保护对象，那么 COL 将会拒绝参与该项目。

六、思考未来：有限开发和永久保护的挑战

通常土地信托和公共保护机构力求永久保护土地，它们使用的主要手段——费用所有权（fee ownership）和保护地役权，一般都是永久性的法律文书。然而，永久保护土地是一项艰巨的挑战。正如一名经验丰富的土地信托工作人员曾这样评价他的管理职责："我就像一名面对着永生患者的医生。"永久的保护需要永久的监控，以防侵犯或违反保护地役权。它还需要积极主动的管理，以便在面临不断变化的内部和外部威胁时，捍卫场地的保护价值。随着气候变化越来越广泛的

---

① 1 英尺 = 0.3048 米。

影响，对保护土地实行周到而灵活的适应性管理将变得越发重要。若是缺乏这样的管理，许多保护土地可能会失去原本预期的功能，甚至可能被合法用于另外的人为用途。

根据不同的实施手段，CLDP 既可能推动永久保护事业，也可能对其产生损害。从负面角度来看，保护区内或附近的开发造成了一定程度的分裂，例如，这可能会减少动物迁移的机会，妨碍应对气候变化的生态变迁，或使得农业经营更难适应变化的经济条件。从正面角度来看，CLDP 通常会通过在土地上安置或保留人员，为永久管理建立一个框架。其中既包括关心土地的管理员，也包括用于资助持续管理活动的资金。土地信托或公共机构所拥有的地产，有时会缺乏一个或两个这样的关键成分。因此，虽然它们得到了不受开发影响的充足保护，但依然可能无法被充分管理以维持原有的保护用途。

松崖牧场综合自身的 CLDP 阐述了有限开发解决永久性挑战的方法。在松崖牧场，保护购买者保留了该场地工作牧场的传统用途，同时还管理了野生动物栖息地。一般来说，工作景观（working landscapes）通常希望允许人们居住在保护区中，以增加这块土地受到良好管理的可能。事实上就其工作用地保护地役权来说，通常 COL 更希望土地所有者或保护购买者能够保留在每个地产上至少建造一栋房屋的权利，以降低无人管理的"孤儿"房产的风险。

阿里斯牧场项目阐述了另一种土地管理方法。由房主协会（Homeowners Association，HOA）共同拥有和管理大多数受保护的土地（480 英亩）。该协会包括全部 10 个地块的所有者。阿里斯牧场受到 COL 保护地役权的限制，禁止未来开发，并就如何管理土地提供一定指导。例如，保护地役权禁止商业木材采伐，并要求 HOA 控制土壤侵蚀和有害杂草。在这一体系内，HOA 做出关于管理问题的社区决策，如是否允许邻近的牧场主在牧场放牧牛群，如何控制入侵物种，以及如何管理占领该场地的草原土拨鼠。

为了给这些管理决策的实行提供资金，HOA 会向成员征收会费。在保护的立场上，每个特定的决定不一定是最优的，但是 HOA 体系为邻近的房主提供了一种手段，使他们能够为土地资源的长期可行性继续投资，使土地管理适应不断变化的环境、经济或周围景观条件[①]。

---

① 然而，值得注意的是，HOA 并不是普遍有效的保护地管理者。例如，在其他受 HOA 管理的受保护土地上，观察者已经注意到一些问题，其中包括 HOA 缺乏管理自然土地的兴趣或经验，不愿为所需的管理活动提供资金，在 HOA 成员违反职责时不愿执行规则和法规，以及有意向在其生态价值上增加保护区的休闲或隐私价值（Austin and Kaplan，2003）。

房主协会通常拥有和管理阿里斯农场 58%的股份，包括最近正进行干草生产的草地

另外 38%的场地由 10 位个人土地所有者进行管理，他们可以使用地产上的河流和其他自然资源。
所有保护区（总面积 800 英亩，占场地的 96%）都受到科罗拉多开放土地保护区的永久保护

七、参考文献

Arendt，R. 1999. *Growing greener: Putting conservation into local plans and ordinances.* Washington，DC：Island Press.

Austin，M. E.，and R. Kaplan. 2003. Resident involvement in natural resource management: Open space conservation design in practice. *Local Environment* 8：141-153.

Briechle，K. 2006. Conservation-based affordable housing: Improving the nature of affordable housing to protect place and people. Arlington，VA：The Conservation Fund.

McHarg，I. L. 1969. *Design with nature.* Garden City，NY：Natural History Press.

Milder，J. C. 2007. A framework for understanding conservation development and its ecological implica-tions. *BioScience* 57（9）：757-768.

Milder，J. C.，J. P. Lassoie，and B. L. Bedford. 2008. Conserving biodiversity and ecosystem function through limited development：An empirical evaluation. *Conservation Biology* 22（1）：70-79.

Mohamed，R. 2006. The economics of conservation subdivisions：Price premiums，improvement costs，and absorption rates. *Urban Affairs Review* 41：376-399.

Perlman，D. L.，and J. C. Milder. 2005. *Practical ecology for planners，developers，and citizens*. Washington，DC：Island Press.

Steiner，F. R. 2008. *The living landscape：An ecological approach to landscape planning*. 2nd ed. Washington，DC：Island Press.

第二节　卡拉尔考古遗址和苏佩河谷的恢复

José Gonzales and Hermilio Rosas

位于秘鲁首都利马以北 125 英里的苏佩河谷，在几个世纪前是一个丰富肥沃的地区，现在却是相当荒凉。曾经纵横交错着灌溉沟渠的遗址，如今为岩石和干燥的土壤所包围。5000 年前，美洲最古老的城市文明卡拉尔（Caral）在此处繁荣起来。

古老神圣的城市卡拉尔建于公元前 2600 年左右，位于主要灌溉渠的水闸附近。如今这一灌溉渠依然服务于当地农民，几乎可以肯定它在古代是灌溉渠道的上层。这座城市所采用的设计模式①很可能属于秘鲁安第斯山脉（Peruvian Andes）文明。它在四千年内兴盛又衰落。

目前发现的所有证据表明，卡拉尔不仅是一座精心规划的城市，更是复杂文明的行政中心。就土地面积和建筑量而言，这里十分广阔。最初从事农业活动的古代劳动力，之后被征召建造富有宗教意味的金字塔。农业生产力的不断提高使得卡拉尔蓬勃发展。显而易见的是，充足的食物、其他重要资源，以及恰当的组织体系，是建造一个非凡的大型建筑群的先决条件。这一切使得仪式、商业和大量人类居所成为可能。

500 年后（公元前 2100 年），卡拉尔突然荒废的原因还需考证。人们广泛接受的理论是：该地区遭受的旱灾迫使居民前往其他地方寻找肥沃的平原。另一个值得进一步研究的理论认为，人口的增长可能以牺牲河流流域平衡为代价，迫使城市中心和周边地区成为一个异常的生态系统。我们可以通过研究河流系统的演变，以及卡拉尔及其周边地区的相关生命周期来获取秘鲁乡村地区可持续城市发展的重要经验教训。我们的研究还应当顾及厄尔尼诺天气模式与经济快速发展时期的关系，以及当地文化与自然间的相互作用。

---

① 许多赞同城市概念的人认为，巨大且形式多样的纪念性建筑群的存在，必然代表着社会经济发展的更高水平。在他们看来，文明和都市主义是普遍且不可分割的现象（Makowski，2007）。

如果能得到精心保护和可持续开发，卡拉尔或许可以成为一个著名文化和环境旅游的目的地，与秘鲁在马丘比丘（Machu Picchu）和库斯科（Cuzco）世界闻名的宝藏地带交相辉映。对卡拉尔场地的研究突显了在不久的将来适当进行投资的重要性。卡拉尔于 2002 年被列入世界文化遗产基金会的"世界文化遗产守护计划"（World Monuments Fund's World Monuments Watch），被视作具有全球重要性的受威胁文化遗产地点。如果现有的金字塔在不久的将来没有得到加固，它们很可能会进一步瓦解。我们希望旅游业收益以及私人捐款能够帮助保护该场地，环境保护和可持续发展可以携手并进。

由本节作者组建并领导的太平洋大学（Universidad del Pacifico）团队，旨在帮助卡拉尔-苏佩特别考古项目（Proyecto Especial Arqueológico Caral-Supe，PEACS）努力保护苏佩河谷的环境和文化遗产。参与重心是建立一个私人投资基金，从而与"金融财务发展公司"（Corporación Financiera de Desarrollo，CDFIDE）[①]计划管理的信托基金相联系。该基金将联合私人财务机构一起合作，旨在呼吁当地及国外的投资者、捐助者保护该场地，为卡拉尔-苏佩地区可持续的城市和区域发展做出贡献。

一、卡拉尔圣城

露丝·沙迪（Ruth Shady）是秘鲁最著名的考古学家之一，她于 1994 年发现了卡拉尔。目前，作为 PEACS 的负责人，沙迪在寻找"母亲城"（mother city）的时候找到了卡拉尔，这是该地区考古遗漏的一环[②]。

卡拉尔被称作母亲城是恰当的，它的发展是与美洲的其他文明隔离开来的。即便如此，这样的发展也没什么大的波折，而是异样和谐的。在卡拉尔的挖掘过程中，研究人员既没有发现防御结构，也没有找到进攻武器。在卡拉尔发现的艺术品中也没有任何战争的描述。在世界上许多其他考古遗址中，城市明显习惯受到战争的文化影响，被建成了保护性结构[③]。事实上在考古记录中，几乎所有其他古代文明的建筑或艺术中都存在战争的痕迹。沙迪由此得出了一个令人信服的结论：卡拉尔很可能是第一个和平发展的美洲社会。

卡拉尔人没有将精力集中在战争上，取而代之的似乎是农业和渔业。进一步的证据表明，卡拉尔人擅长交换货物和劳动力，并且卡拉尔的建筑结构与地下水

---

① 一家开发银行，它在秘鲁政府继续推动投资权力下放之际管理着为区域发展项目融资的信托基金。利用这些信托基金来确保债务，地方政府甚至可能会采取某种形式的债券偿还。

② 沙迪的努力工作旨在让国家和国际意识到有序管理和可持续发展的重要性，以改善苏佩河谷地区居民的生活。她还通过传统作物的有机种植，用现场发现的传统彩色棉花生产服装，发展蜂蜜生产和工匠工艺，从而提高拥有卡拉尔文化遗产的人民的身份认同。

③ 与安第斯城市主义相关的最流行的理论之一是战争是发展的主要推动力（Makowski，2007）。

的密集纹路存在一致性（Johnson et al.，2002）。依靠以灌溉为基础的农业和广泛贸易网络，卡拉尔人设法将苏佩河谷原有的干旱土地变成了肥沃的土壤。

根据场地的大小，干旱的条件以及它位于苏佩河洪水平原上方 30 英尺的位置，考古学家认为卡拉尔人通过灌溉渠，用河水来灌溉南瓜、笋瓜、甘薯、玉米、辣椒、棉花等作物。考古结果还表明，从 15 英里外的太平洋沿岸获取的鱼类和贝类是卡拉尔人主要蛋白质来源[①]。

用于制作衣物和渔网的棉花使卡拉尔形成了贸易中心。秘鲁中部海岸的居民用鱼类换取在卡拉尔生产的棉网，从而建立起商业体系。研究人员发现，卡拉尔人的饮食包括干鱼和蛤蜊，以及来自偏远山区和亚马逊的草药及种子。以上内容都证实了卡拉尔是沿海地区、安第斯地区和亚马逊之间的中心枢纽（Shady Solis，1997）。

城市的人口约为 3000 人。如果包括另外的 19 个地点，那么在苏佩河谷的卡拉尔及其周边定居点的总人口可能高达两万。所有的山谷地点都与卡拉尔有着相似之处，它们与沿海社区以及远在亚马逊的贸易伙伴进行交易。

在卡拉尔考古遗址的圆形剧场寺庙

卡拉尔不仅是一个农业和商业中心，也是一个宗教中心。信仰组织和掌控了这个社会。明面上的统治者是神父、管理者和科学家，他们共同指导社区的全部生活，监督社会工作，分配利益，并根据他们创立的天文历法实施农业和宗教仪式。他们告知平民百姓何时播种和收获，如何安排灌溉渠道，以及在何处建造金字塔和仪式中心。

卡拉尔如何随着时间的推移而发展，是我们所要叙述的关键部分。苏佩河谷的古代人口可能从海岸向上游扩张，开发新的农业用地以支持不断扩大的社区。

---

① 在该遗址中发现了蛤蜊、沙丁鱼和凤尾鱼的残骸，表明该地区的农业和渔业贸易是互补的。在卡拉尔的秘鲁海岸也发现了虾和软体动物。沙迪已经找到了广泛交易的证据。

在扩张过程中，他们创造了复杂的社会政治结构，即大都市卡拉尔（这是建立灌溉系统所需的），以及周边较小的城市中心。沿海和内陆居民之间的活跃贸易反过来又创造了一个动态的经济过程，给予母亲城更大的力量。这种扩张似乎是通过中心居民与周边同胞间的和睦共处及相互合作实现的。

二、如今的苏佩河谷

如今，曾经郁郁葱葱的山谷正面临严重的环境问题。河流流域充斥着沉积物，面临许多环境问题，包括砍伐森林、侵蚀和压实土壤。土地管理的缺乏使得非正规就业的当地农民居住在考古遗址附近。而寻求燃木的当地居民对河边森林的持续破坏导致景观日益退化。

由于该地区需要应对日益增多的粮食和住房需求，稀缺的水资源和土地资源的杂乱使用使得本不协调的农业生产所造成的局面进一步恶化。来自秘鲁安第斯高原的移民继续抵达太平洋沿岸及其周边地区寻找就业和市场机会。移民不仅给食物和住房市场施加了更大的压力，而且破坏了河流森林缓冲区。从前这种缓冲区能避免夏季洪水对流域的破坏。出于上述和其他一些原因，苏佩河谷正在走上生态恶化加剧的艰险道路。

当代的苏佩河谷

为应对这一巨大挑战，PEACS 已将苏佩河口的卡拉尔西部的现代沿海社区和巴兰卡（Barranca）的综合规划和可持续发展总体规划汇总在一起（PEACS，2005）。该计划的战略驱动因素包括以下几方面。

（1）以河谷的文化和自然资源为特色，通过实施整体且有序的地域管理工作（包括旨在保护当地生态系统和该地区考古遗产的具体规定）建立一个保护区。

（2）恢复和保护该地区的考古资源，将卡拉尔-苏佩定位成世界级的考古宝藏和重要的全球遗产地点。

（3）增强卡拉尔对具有研究价值的创新文化及土地和生物多样性资源管理的贡献。

（4）基于其非凡的文化和自然资源，加强卡拉尔的地区特征和声望，以及国家和国际声誉。

（5）通过增值活动改善卡拉尔的农业生态生产，为当地和国际市场生产成品（例如，将农产品加工成值钱的最终产品）。

（6）确立并促进有助于维持中小型农业生产者的技术创新。

体制和法律手段的协同使用，让当地居民参与到土地和水资源管理的过程中，从而起到造福居民和游客的作用。这一点对于总体规划的实施来说至关重要。为全面的战略规划工作打下基础后，总体规划有助于河谷生态系统及其考古遗产的保护。

作为总体规划的一部分，PEACS 还为河谷城市及乡村地区的重要基础设施和住房项目的发展开发制定了预算。该计划要求投资 1100 万美元，包括两个具体项目：①130 万美元用于道路建设及改善，250 万美元用于河谷电力供应①；②按照住房建设卫生部（Ministry of Housing, Construction, and Sanitation）制定的试点项目②，720 万美元用于改善乡村住房。

此外，为了总体规划的有效管理，PEACS 需要预计 530 万美元的额外投资，在 10 年内分配，以弥补目前 80 万美元的年度预算。这些资金将用于实施线上登记和信息支持系统（250 万美元）以及研究实验室（270 万美元），并进行各种管理和组织上的改善。

总之，PEACS 旨在通过总体规划及其战略规划工作的实施，保护该地区的文化和生态遗产，从而改善当地人民的生活。

总体规划强调了合理有序的开发发展是必要的，以应对参观考古遗址的游客的涌入。虽然游客能够带来资金，但他们也会为土地和水资源带来巨大压力。合理的开发还将考虑到农业经营对该地区生态系统的影响。

---

① 电气项目与苏佩的当地政府和消费者委员会合作，旨在更好地利用灌溉基础设施和技术，从而确保投资的回收（PEACS，2005）。

② 在古老的卡拉尔-苏佩地区使用当地建筑材料可以改善农村住房条件。这一项目目前正由一个秘鲁机构——材料银行（Bank of Materials）实施。该机构的重点是为低收入家庭提供住房融资。卡拉尔-苏佩的住房项目已拨款 700 万美元，其中包括建造 60 所新房，修复 120 所房屋，以及分散在 13 个定居点的 824 个维护项目。其余资金将用于制订巴兰卡、苏佩和苏佩港的城市发展计划，以确保山谷的城市均衡（PEACS，2005）。

苏佩河谷给可持续发展提供了大量的场地

三、苏佩河谷的可持续发展、保护和环境修复

苏佩河谷有着重要的环境和历史意义，我们需要对它的可持续发展给予特别关注。虽然 PEACS 总体规划展现出令人着迷的愿景，并概述了该地区关键的资金需求，但实现这一愿景还需要制订更详细的战略计划。我们提出的战略计划是"苏佩河谷恢复和保护计划"（Supe Valley Restoration and Conservation Plan，SVR&CP）。我们期待它为组织和管理河谷地区提供必要的技术基础，以及具体的发展指南和行动战略（PEACS，2005）。

非凡多样的景观和丰富的河谷历史遗产对游客极具吸引力。虽然旅游业为经济发展带来了至关重要的收益，但同时也带来了大量负面影响。该保护计划旨在平衡发展与环境和历史保护需要，研究确定苏佩河谷的主要社会和环境问题，并考察这些问题在空间上的分布。之后，它应该为每个存在问题的领域提出建议并采取行动。此类问题与环境事宜直接或间接相关，因此无论是在短期还是中期内，都需要对计划进行调整补救。

为了确保计划能够恰当实施，需要做好三方面的工作：①确立修正和预防措施，使之能够保护河谷自然、文化和社会文化资源；②确定提供给经济活动的激励措施，使之与自然资源的可持续利用相容；③明确成功实施 SVR&CP 所需的政治行动和实体。

下面将阐述开展上述工作的三种措施。

（1）补救措施：通过综合的社会、文化和基础设施干涉来实现目标，其中社区参与是一个关键因素。

（2）预防措施：让低收入家庭买得起土地；增强城市规划参与地方事务的能

力；通过与社区、地方政府和私营部门开发商之间的伙伴关系，发展低价的城市和乡村住宅；加强对环境敏感地区的保护；减少人类住宅对考古和环境敏感地区的干扰侵犯。

（3）机构措施：加强建设地方和区域机构的能力，制定并资助城市发展和可持续发展项目。

SVR&CP 应将旅游业视作可持续发展的重要组成部分，因为它能创造收益和就业机会。这一收益能够允许该地区的历史、文化和自然属性的价值货币化。为了确保以可持续的方式发展旅游业，并将对苏佩河谷的价值影响最小化，社区应该考虑在几项相关工作上付诸努力。例如，环境教育和遗产保护计划的创立，对出现退化迹象的地区的恢复，高地和低地部分的重新造林，现有植被区的保护，基本基础设施的建设（如清洁饮用水供应和分配设施），乡村住房项目居住标准的限定，新的基于适当划分乡村及城市土地的公共和私人设施的分区规定，以及在农业区土壤保持措施的采用。

SVR&CP 还应考虑到该地区人类居住悠长而富有趣味的历史。它应该考虑人们在这些定居点所采用的技术，以及这些技术随时间的推移对当地环境产生的影响。在这方面，卡拉尔-苏佩案例与任何具有丰富历史传统的国家（如秘鲁）的文化遗产管理尤为相关。值得肯定的是，秘鲁国家形象的不断发展，与了解和展示国家考古和环境遗产的努力工作是分不开的。

然而，一个基于卡拉尔及其周边所经历的"城市新陈代谢"的更精确的诊断（或假设）很可能有助于更好制订 SVR&CP。尤其是对该地区城乡形态演变的了解可以引导当地决策者制订水和土地资源管理计划[①]。

建议的诊断将会基于工业生态学和城市历史衍生的结合方法。特别是对这些领域的研究使我们应当能够确定该地区城市结构的主要转变，参与该地区发展的关键人员和当地技术的历史。更好地了解这些因素后，我们可以加深对管理者所做决策的理解，以及这些决策对河谷农业生产力的影响。

对于良好的判断和假设构想而言，除去对大量资源流入城市的担忧外，对城市新陈代谢中"积累"（accumulation）过程的理解同样至关重要。例如，人口增长作为新陈代谢的固有部分，会导致城市地区水储存的变化及其分配和使用方式的变化。

对城市新陈代谢的了解是基于事实的。城市的活力取决于与周边社区和资源网络的空间关系。新陈代谢的加剧，意味着更多的农田、森林和物种多样性的丧

① 城市新陈代谢的比喻说法已被引入关于可持续城市发展的辩论中，以协助解决城市中心的环境问题及其对生态可持续发展的负面影响。城市被分析为吸收人力、资源和能量的"代谢过程"，将它们转化为独特的生活品质，并排放具有不同效率和生活质量结果的人、产品和废物（Bohle，1994）。

失以及环境恶化的加剧。在制定现代区域发展政策时，我们应该考虑距离最近资源接近耗尽的程度。如果可能的话，还应当提供策略，以减慢造成这些问题的开发过程。

如今，人们对现有自然和人类资源的可持续利用的关注度正在上升。目标是对资源使用进行管理，使其不会恶化现在或未来的环境（Brunner，2007）。随着时间的推移，对卡拉尔市中心及其周边地区的发展、繁荣和消亡的深入了解，可以为我们揭示城市新陈代谢的过程，为可持续发展的未来研究铺平道路。

SVR&CP 的制订和成功实施能够加强河谷的可持续性发展（反过来也可以促进社会经济发展）。该计划应通过对环境脆弱性和资源极限的尊重来改善对自然资源的使用。可持续发展还应创造新的就业机会，并增加公私合作（public-private partnership，PPP）项目对该地区内全部产品的贡献。

四、一个资助修复及保护计划的保护融资方法

保护融资是一个在西半球不断发展的领域，"美洲环境保护资本"会议上的案例研究证明了这一点，此外也收录了其他案例。这些保护融资手段可能涉及公共、私人或非营利部门，并可能在一个国家或多个国家中被进一步完善。

支持卡拉尔可持续发展的信托基金提议是创新性保护融资的一个例子。其目标是通过调动财政资源，用于应对苏佩河谷的社会和环境挑战。该基金将专门针对在环境方面受到挑战的河谷地点（包括考古遗址）。基金的用途将着重以下方面。

（1）根据 SVR&CP 的指南，对环境进行改善、管理和控制，以防止自然资源库的枯竭，从而促进可持续的社会经济发展。

（2）通过农业和森林保护技术的完善，修复并发展自然资源库。

（3）开展创造和加强社会经济方面（即农业和畜牧业、旅游业、工业、水和自然资源）可持续环境的活动。

（4）支持或资助致力于对环境直接有益或改善环境的个体、团体和协会。

该基金将主要通过如下方式促进利于苏佩河谷可持续发展的行动：①根据 SVR&CP 的指导方针，为当地居民、当地政府或地区政府实施的环境活动提供财政援助；②与捐助人和受托人沟通，确保增加基金资产，使其能够有效运作；③承担调动资金的责任，与支持这些任务的团体和机构共同开展环境活动。

太平洋大学已经组建起一个团队，隶属于保护创新网络（Conservation Innovation Network），旨在帮助 PEACS 共同保护苏佩河谷的环境和文化遗产。由本节作者组建并领导的太平洋大学团队，着重建立一个名为卡拉尔-苏佩信托基金（Fondo

Pro-Caral）的私人投资基金。该基金与 COFIDE 管理下的信托基金相关联。同私人投资金融机构一起，该基金旨在吸引本地和外国投资者及捐助者保护该场地，并为卡拉尔-苏佩地区的城市可持续发展做出贡献。

Hermilio Rosas（左）和 José Gonzales（右）
在卡拉尔遗址

对于乡村发展，PPP 项目的信托基金由 COFIDE 等金融机构管理。在这种方式中，可以通过促进财务发展来确保可持续性，因此能够通过创新形式的公共或私人合作（不仅是捐助者，而且还有国家层面的地方机构）来建立全面的财务部门。

以环境为导向的信托基金可以广泛授权，并获得比传统慈善机构更广泛的利益。一般来说，保护区导向的信托基金已经成功确保涵盖基本运营成本和劳工工资。这一点在发展中国家尤为明显，这些地方的文化和政治环境推动了创新的保护形式①。

我们提议的卡拉尔-苏佩信托基金将由基金投资者捐赠的剩余资本收益，以及本地和外国直接捐赠的资金所资助（图 3.1）。投资者将获得加入投资基金的平均市场回报，所有超过平均回报的剩余资本收益将捐赠给信托基金。

---

① 例如，自 1991 年成立以来，不丹环境保护信托基金（Bhutan Trust Fund，BTF）——发展中国家的第一个环境基金——通过持久的法律体制和技术框架为生物多样性保护奠定了坚实的基础。已经证明它具有重要的全球效益、高复制价值和可持续性。BTF 的捐赠已经从最初的 2100 万美元累计增长到超过 3600 万美元。拨款的制定以战略筹资目标为指导，重点是生物多样性保护，并提高当地政府的管理能力。

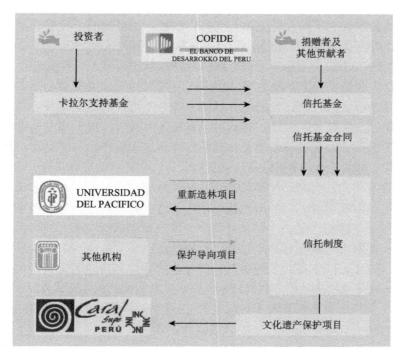

图 3.1 卡拉尔-苏佩信托基金的拟定体系

信托基金最初将重点放在苏佩河谷流域的地区组织,它们是吸引河谷基础设施项目外部投资的重要组成部分。根据 SVR&CP 的指导方针,无论是在农业和旅游基础设施方面,还是在考古遗址保护上,着重于环境意识投资的重要财务和技术的信息流动都将会继续。

五、结论

SVR&CP 侧重于保护该地区的环境和文化遗产,树立了不同利益相关者的综合管理范例,并有可能成为具有类似特征的其他地区参考复刻的样板。

SVR&CP 着重强调社会经济发展与各种自然生态系统和文化遗产保护之间的平衡,这是传达给潜在捐助者和投资者的信息根据。他们将会获得其投资的平均市场回报,并将所有超过平均回报的剩余资本收益捐赠给信托基金。每个领域的具体需求将决定用于支持其保护和发展的指导方针,适用于卡拉尔-苏佩信托基金的潜在投资者和捐赠者。

到目前为止,试图保护卡拉尔和苏佩河谷的人们已经积累了以下经验。

(1)将此类的干预措施纳入明确地理区域的诉求是存在的,从而促进投资与总体生活质量改善之间的互补关系。文化、旅游、经济发展、政府政策、个人的创新努力工作（如露丝·沙迪及其在 PEACS 的同事）以及地方和国际组织对环境保护的努力工作的全面影响，只能通过整体成就来衡量。尽管如此，正在开展的努力工作为类似的经济、社会和文化限制所带来的挑战提供了宝贵的见解。

（2）受益社区对行动计划的所有权是一项必不可少的先决条件，只能通过政治、经济和社会赋权才能实现。尤其对于乡村发展而言，PPP 项目是确保可持续性的一个关键部分，通过创新的公共或私营合作进程（不仅与捐助者，还与国内的地方机构）建立全面金融财务部门战略。

（3）营销和沟通战略对投资可持续性至关重要。当地社区与考古学家、环境保护者以及城市规划者之间的沟通越密切，在许多领域取得成功的概率就越大。例如，相互协调的场地保护计划，提供学术调查和当地就业机会的考古遗址实地调查，以及在城市发展规划之前有效的专家动员。

卡拉尔的经验或许有助于阐明其代谢过程的功能和决定因素，为可持续城市发展下的未来研究铺平道路。对卡拉尔市中心及其周边地区生命周期的具体研究，也能为秘鲁和其他安第斯国家乡村地区的可持续城市发展留下宝贵的经验教训。

六、参考文献

Bohle，H.-G. 1994. Metropolitan food systems in developing countries: The perspective of "urban metabolism." *GeoJournal* 34（3 November）: 245-251.

Brunner，P. H. 2007. Reshaping urban metabolism. *Journal of Industrial Ecology* 11（2）: 11-13.

Johnson，D. W.，D. Proulx, and S. B. Mabee. 2002. The correlation between geoglyphs and subterranean water resources in the Río Grande de Nasca drainage. In *Andean archaeology II: Art, landscape and society*, eds. H. Silverman and W. H. Isbell. Oxford，Eng.: Kluwer Academic/Plenum Publishers，307-332.

Makowski，K. 2007. Urbanismo en los Andes prehispánicos. Lima，Peru: Pontificia Universidad Católica del Peru. www.pucp.edu.pe/facultad/letras_civencias_humanas/patl/docs/urba_andes_prehispanicos.pdf

PEACS（Proyecto Especial Arqueológico Caral-Supe）. 2005. Master plan for the integrated and sus-tainable development of Supe and Barranca. Lima，Peru: Ministerio de Comercio Exterior y Turismo（Mincetur）.

Shady Solis，R. M. 1997. *La ciudad sagrada de Caral-Supe en los albores de la civilización en el Perú*. Lima，Peru: Fondo Editorial.

第四章　可持续发展融资

在追求"三重底线"的可持续发展时（即在地方、区域和国家三个层面具有生态、社会和财政三个方面可持续性的机会），财政资源不仅被要求保护珍贵景观中的自然和文化资源，为居民提供生计的各种可持续性企业提供资金也是必要的。芭芭拉·塞普尔韦达（Bárbara Sepúlveda）作为智利瓦尔迪维亚沿海保护区及其附近当地社区的成员和发言人，在最后一场会议中，颇具说服力地阐明了这一观点。

消费者需求推动了各类市场的环境友好实践，例如经过森林管理委员会（Forest Stewardship Council）认证并由智利大型林产品公司出售给欧洲及北美市场的森林产品。随着可持续发展倡导者给其他市场带来"三重底线"标准，例如海鲜和葡萄酒全球化市场，对已认证的可持续发展业务的资本投资可能会大幅增加。本章将介绍可持续商业发展的两个例子。

在第一节中，我和 Deidre Peroff 概述了墨西哥南部和危地马拉森林生态棕榈业务的增长。这是由可持续发展导向的消费者需求所驱动的（在案例中，是由教堂及其适应生态产品的教众销售的收益驱动的）。在不到十年的时间里，最终消费者（end-consumer）对生态棕榈的需求，从在美国 3 个州的 20 个教堂扩展到 49 个州的 2500 个教堂。教育和资本投资项目（如为近期收割的棕榈叶建造新的冷藏储物库）源于中美洲收获社区的资本回报。

在第二节中，Brian Milder 介绍了"草根资本"（Root Capital）基金，该组织一直都明白这样的道理：环境友好形象，实际上可以提高借款者的信誉，帮助潜在的中小型借款者吸引新客户。例如，"草根资本"对加拉帕戈斯（Galápagos）游船运营商还款拥有信心。他们安装了更高效的四冲程发动机，得益于新的发动机，他们获得了"智能航行者"（Smart Voyager）的认证，可以更好地吸引重视环境的游客，因此增强了偿还贷款的能力。

第一节　生态棕榈——非木材森林认证产品特定市场发展的案例研究

James N. Levitt and Deidre Peroff

乌瓦夏克顿（Uaxactun）社区位于危地马拉的玛雅低地内，坐落在著名的蒂卡尔国家公园（Tikal National Park）以北 40 公里处的翠绿雨林中，有着令人惊叹的考古遗迹。尽管乌瓦夏克顿本身坐拥着丰富的考古资源，但接待国际游客的频率却远低于蒂卡尔国家公园。在 20 世纪的大部分时间里，社区中的女性赚取收入的机会极少。

　　然而，在过去的十年中，乌瓦夏克顿和类似社区的妇女和男子已经开始从热带雨林中可持续地收获 Xate 棕榈叶（Xate，三种竹节椰属棕榈树的树叶），并出口到位于得克萨斯州圣安东尼奥（San Antonio，Texas）的一个批发商和分销公司"大陆绿色花卉"（Continental Floral Greens）。该公司将这些叶子销售给遍布美国和加拿大的快速发展的教堂网。教堂高价购买生态棕榈，教徒们用它们来纪念耶稣进入耶路撒冷的胜利。在每个棕榈星期日基督教众都会庆祝这一盛事（Episcopal News Service，2008）。

　　保护管理组织（Conservation and Management Organization）管理着玛雅生物保护区（Maya Biosphere Reserve）乌瓦夏克顿社区的森林特许权。弗洛里达玛·阿克斯（Floridalma Ax）是其中的成员。她表示可持续收割棕榈叶的机会，意味着当地家庭生活水平的改善。据阿克斯说，之前没有现金收入的女性，现在可以通过采集这些叶子每天挣六到七美元。与盲目的传统方法相反，通过使用可持续的收割方法，妇女参与保护了她们居住的具有全球意义的雨林。"对我们来说，这是一项成就，是进步。"阿克斯说道（Rainforest Alliance，1996）。本节的重点是她和她的邻居如何成为非木材森林产品可持续收割先驱的故事。

　　袖珍棕榈所在的竹节椰属（Chamaedorea）是棕榈中一个较大的种类。这些棕榈在危地马拉北部，墨西哥南部和伯利兹热带雨林的下层灌木中最为常见（CEC，2002）。棕榈树包含丰富多样的亚种，在家庭和办公室装饰中广泛使用，它们在维多利亚时代也被称为"客厅棕榈"（Wikipedia，2008b）。目前，特别是在美国和欧洲，对于用于室内装饰、插花、婚礼、葬礼的棕榈存在很大的需求。袖珍椰子（Chamaedorea elegans）和长叶坎棕（Chamaedorea oblongata）有着形状独特的叶脉和叶片，它们有时也被统称为 Xate 棕榈，在美国常用于棕榈星期日的仪式。

　　中美洲流向国际市场的棕榈树出口是一项发展成熟的业务。仅美国市场每年约 3 亿棕榈叶的进口量，价值在 3000 万至 4500 万美元。明尼苏达大学自然资源与农业综合管理中心（Center for Integrated Natural Resources and Agricultural Management，CINRAM）的研究助理迪安·柯伦特（Dean Current）说，根据对潜在生态棕榈顾客教堂的调查的粗略估计，大约有 10%都用于棕榈星期日的宗教仪式（Current，私下交流，2007 年）。

　　20 世纪 90 年代后期，棕榈收割的相关问题引起了环境合作委员会（Commission for Environmental Cooperation，CEC）的注意，该委员会是由加拿大、墨西哥和美国三个国家组成的一个国际组织，与《北美自由贸易协定》相一致。CEC 对解决区域环境问题，防止潜在的贸易和环境冲突，并促进环境法规的有效实施负有责任（CEC，2009），故该组织致力于推动墨西哥森林的可持续管理，以及提高通过交易相关项目收割棕榈叶的墨西哥农民的社会福利。CEC 于 2001 年联系了迪安·柯伦特。他与墨西哥的同事一起被委托研究如何收割和销售棕榈，并就相关环境和社会福利问题的解决提出建议。

基于柯伦特及其同事进行的研究，从 2002 年 9 月 CEC 执行综合报告中摘取如下片段。

（1）CEC 对袖珍棕榈（墨西哥的一个特有野生物种并被 CEC 理事会选为试点物种）的研究目标是考察利用市场来进行保护物种的可能性。核心问题是在怎么样的条件下（如果有的话）才能持续野生物种的交易？该项目的第一份报告记录了墨西哥的棕榈采集和种植，以及墨西哥境内外的市场结构。报告中记录的信息用于评估生态标签棕榈（eco-labeling palm）是否能为物种的可持续贸易提供足够的激励。

（2）墨西哥是世界上生物多样性最丰富的国家之一，具有丰富多样的原生棕榈树种。棕榈中有 22 个属的 95 个种生长在墨西哥，占世界各地棕榈树种的 18%。超过 130 种棕榈只在美洲生长，而大多数（50 种）是袖珍棕榈。其中有 14 种棕榈原产于墨西哥，这使得墨西哥在袖珍棕榈的品种数量和特有性中成为领先者。

（3）21 个商业品种的贸易很早就出现了，但大量出口的现象（主要是出口到美国，再由美国出口一些到其他国家）直到 20 世纪 50 年代左右才开始。袖珍棕榈科拥有成熟的国际市场。估计未来这一市场也会相当稳定，它的存在似乎有助于维护采集棕榈产品的森林地区。与此同时，野外棕榈的易收割性及其市场价格确保了它们在天然林地区的主要产量，最近有一些转向在树木或森林树阴下种植。还有报告称过度收割以及栖息地破坏造成了野生种群的减少。

（4）采集棕榈叶片和种子的大多数是当地土著农民。他们种植玉米，有时也能从棕榈中获取大部分收入。他们住在塔毛利帕斯、圣路易斯波托西、伊达尔戈、韦拉克鲁斯、瓦哈卡、塔瓦斯科、坎佩切和恰帕斯（Tamaulipas，San Luis Potosí，Hidalgo，Veracruz，Oaxaca，Tabasco，Campeche and Chiapas）山区的城镇。其中一些州拥有关键的剩余林区和最边缘化的人口。尽管会产生乡村地区常见的问题，棕榈产业却创造了生物和文化多样性的有趣组合。在一些地区，棕榈产生的收入激励当地居民维护遮挡棕榈的森林，但也导致过度收割。

（5）从区域买家到出口商，墨西哥的营销渠道都是集中的。每个渠道只有一到两个主要经销商，使得个体农民很难议价。他们通常只能在 144 个叶片（每十二打，即一罗）中获得 1 美元到 1.20 美元的收益。在美国，同样的价格只能买一打叶片。低廉的价格、棕榈再生的时间、叶片收割的难度以及其他收入来源的可能，使得袖珍棕榈的收割工作变得断断续续。然而有时候，如咖啡豆价格危机期间，农民必须收割更多的叶子才能生存，而不管野生种群的再生过程如何。在过去的几十年中，商业物种的过度开采和雨林面积的急剧减少给许多袖珍棕榈品种，特别是那些分布受限或作为种子出售的品种，带来了负面影响。该属中的 38 个种在目前受到了墨西哥政府的官方保护（NOM-059-ECOL-1994）。

（6）无论是在初生和次生雨林，还是在咖啡豆种植园和其他遮阴系统中，生产者已经开始种植一些更受欢迎的物种（如袖珍椰子）。这些丰富且多样化的举措受到了棕榈低廉价格的影响。其中一些项目强调收入来源的多样化，但过多的来源可能会导致市场饱和以及价格额外下行的压力。

（7）为了保持并加强棕榈作为重要创收作物的地位，并维持其在天然林区保护中的作用，认证证书可能是一种明智的选择。通过将认证与天然森林的生产联系起来，以及为森林可持续采集的生产提供市场溢价，在自然区域和棕榈种植并被收割的社区，环境和经济条件都可能会得到改善。

（8）如果认证的成本合理，或者其成本能被认证产品的溢价覆盖，那么袖珍棕榈就可以成为认证的候选产品。为了做到这一点，需要明确认证产品的潜在市场，且更重要的是着重关注其质量；需要收集关于认证生产的特定需求市场组分，以及认证成本费用和可能潜在的溢价的更多信息；需要将注意力放在认证费用上，因为这些费用通常由生产者承担，而市场不会支付附加费。

（9）经认证的棕榈产品在美国和欧洲的市场销售可能存在机遇。在美国，由于花卉行业尚未进行认证生产，其主要市场可能是利基市场（高度专门化的需求市场）。在欧洲，花卉行业的认证产品市场似乎逐渐扩大。可以利用欧洲现有的认证工作，同时在北美接触和探索特定的利基市场。

（10）为了成功利用市场来保护这一野生物种，需要进一步探索认证棕榈的特定市场，以及明确符合基本使用期和生产或分销认证要求的棕榈产区（或社区）；还需要进一步了解如何对袖珍棕榈品种进行可持续管理，以及与为棕榈提供荫庇的森林相关的信息资料（CEC，2002）。

随着初始报告展现出了成功的前景，CEC 赞助了 2002 年至 2004 年间的深入研究，以解决值得"进一步探索"的问题。柯伦特和戴夫·威尔西（Dave Wilsey），一位继续担任厄瓜多尔"和平部队"（Peace Corps）志愿者的研究生，曾与《北美自由贸易协定》三个国家的组织以及相邻拉丁美洲国家的一些伙伴组织，共同建立了一个被 CEC 称为生态棕榈的营销系统。他们正在进行的研究着重于需求和营销、可持续采伐和认证、公平贸易认证和供应链等领域。纵观生态棕榈项目的历史，每个领域都至关重要。

一、需求和市场

通过对明尼苏达州当地花卉批发商和零售商的私人采访，柯伦特和威尔西开始调查可持续收割棕榈的潜在市场。他们想知道这些商人是否意识到了公平贸易和可持续生产的选择，并初步了解美国对袖珍棕榈的需求。他们对棕榈经销商和零售商的质量要求也颇感兴趣。

在发现每年超过 10%进口和销售的棕榈都用于棕榈星期日后，柯伦特和他在CINRAM 的同事对 300 多个教众进行了调研（Current，私下交流，2007 年）。他们惊讶地发现，教众似乎非常关注环境和社会问题，并且大多数人愿意支付高达两倍的价格，以支持被认证以环境可持续方式种植、生产和分发的棕榈。

柯伦特的团队还了解到，除了每年美国平均进口约 3500 万棵棕榈树用于棕榈星期日外，棕榈也可用于葬礼和婚礼花艺。教堂本身并不一定要订购这些棕榈，但是神职人员对于教堂或典礼中常举行的仪式选择将会影响到对棕榈的需求。

到 2004 年，该团队决定生态棕榈营销的第一步应该是：关注明尼苏达州和邻近州的各个教堂棕榈星期日的棕榈市场。在早期阶段，该团队已经与路德教会世界救济会（Lutheran World Relief，LWR）合作。这一位于巴尔的摩与路德教会相关的社会行动组织对公平贸易和环境可持续性项目特别感兴趣。到了 2004 年6 月，一个工作组将 2005 年的棕榈星期日作为对象做了初步营销工作。明尼苏达州路德教会公共政策联盟（Lutheran Coalition for Public Policy in Minnesota，LCPPM）在向该地区教徒传播这一项目信息中发挥了至关重要的作用，总部设在明尼阿波利斯的圣保罗（Minneapolis，Saint Paul）。

第一年，明尼苏达州、威斯康星州和北达科他州中大约 20 个教堂从明尼苏达大学生态棕榈项目订购了 5000 片袖珍棕榈叶。柯伦特和明尼苏达大学的其他人亲手将这些叶子交给了教堂。他们立即意识到，特别是在市场扩张的情况下，在未来几年里他们将无法投入这种运输所需的时间和精力。每片棕榈叶的价格在 22 美分到 25 美分之间，2005 年该项目的装运前零售额总计仅在 1100 美元至1250 美元左右。

2006 年内，在棕榈星期日使用"生态棕榈"的教堂数量增长了 14 倍（34 个州的 281 座教堂）。他们购买了大约 8 万片叶子，根据种类的不同而有差异，叶子的大小从 12 英寸到 14 英寸、24 英寸、26 英寸不等，每片叶子的售价还是在22 美分到 25 美分之间。按照这个售价，每片叶子以 5 美分的收益返回到当地收割棕榈树的社区。而在生态棕榈项目之前，只有 1 美分到 2 美分能回馈给他们。CINRAM 与明尼苏达州和当地的联邦快递经销商合作，将这些叶片分发给教堂。在该项目的第二年，运输前的收入估计已经增长到 17 600 美元至 20 000 美元。

生态棕榈的需求在 2007 年再次猛增，位于 49 个州（除夏威夷以外的所有州）的 1436 座教堂购买了 364 000 片叶子。一些棕榈也运往国际市场，如加拿大和日本冲绳等地。估算表明，2007 年的订单仅占美国棕榈星期日棕榈需求总量的 1%

左右。路德教会和长老会（Presbyterians）加强了参与和支持，在销售增长中发挥了重要作用。50%的订单来自路德教会，而25%来自长老会。如今每一叶片的价格仍在22美分至25美分之间，项目的预计收益在发货前就已经增长至80 000美元至91 000美元之间。

2008年的需求再次增长，路德教会和长老会仍然约占总需求的2/3（Current and Jones-Loss，2008）。对于2009年的棕榈星期日，销售额增长到令人惊叹的650 000片，平均价格约为每根茎25美分，总销售额在150 000美元至165 000美元之间（表4.1）。到2009年，项目与明尼苏达州圣保罗的爱马仕花卉（Hermes Floral）公司达成协议，该公司负责项目互联网的销售和分销——估计32 000美元，总收入约有20%（即每片5美分，占每片叶子25美分价格的20%）反馈到收割这些叶子的中美洲社区。除了收割叶片时向中美洲社区每片叶子支付的2美分，每片叶子收益总计约为7美分，远高于"生态棕榈"创立之前的2美分（Current，私下交流，2009年）。

表 4.1　生态棕榈销售的增长（2005～2009 年）

年份	教堂/个	售出叶片/片	售往的州数量/个
2005	20	5 000	3
2006	281	80 000	34
2007	1 436	364 000	49
2008	2 123	582 900	49
2009	2 500	650 000	49

资料来源：Current（2009）

截至2009年4月，2010年的生态棕榈市场营销计划仍在制订中。柯伦特称，就算销售100万片生态棕榈，仍然只占棕榈星期日市场的3%至4%，远低于美国棕榈装饰总市场的1%（Current，私下交流，2009年）。这一估算并不包括欧洲和其他大陆对棕榈装饰的需求。

值得注意的是，这些市场不仅由墨西哥和危地马拉进行资源供应。此类棕榈叶的替代供应品也可从美国、哥斯达黎加和美洲其他热带地区获得。其他品种（如羽叶和树蕨）也可作为棕榈装饰的替代品（CEC，2002）。

当然，通过口耳相传以及更为正式的媒体，生态棕榈的消息仍在美国持续传播。到目前为止，路德教会、长老会、卫理公会（Methodists）和罗马天主教（Roman Catholicsm）已经完成了很大一部分工作，其中部分是由路德教会世界救济会、美国长老会教会（Presbyterian Church in the USA，PC-USA）、联合卫理公会救济委员会（United Methodist Committee on Relief，UMCOR）和天主教救济会

（Catholic Relief Service，CRS）合作完成的。据柯伦特所说，这些组织在招募新客户方面一直充当着很好的"连接"角色。

该项目持续为著名的印刷和线上媒体所报道，包括《芝加哥论坛报》（*Chicago Tribune*）、《时代杂志》（*Time Magazine*）、《纽约时报》《今日美国》（*USA Today*）和《明尼阿波利斯星际论坛报》（*Minneapolis Star Tribune*）。明尼苏达州和威斯康星州的公共广播电台也对该项目进行了专题报道。

二、可持续收割和"智能树林"认证

协助保护森林是生态棕榈项目的两个主要目标之一。墨西哥和危地马拉的袖珍椰子和长叶坎棕的生长受到了农业森林砍伐破坏的威胁，而那些未被破坏的地区则受到木材和非木材森林产品过度采集的威胁。

森林保护的初始方法之一，是令棕榈森林成为"生物圈保护区"中的一部分。生物圈保护区的创建促进和展示了人类与生物圈之间的协调关系，赋予目标地区半正式的保护地位（Wikipedia，2008a）。然而不幸的是，在许多情况下由国家政府和国际组织赋予的保护区地位的确立，本身并不是一种有效的保护战略。力求改善生活的当地人民可能会忽视这些，将土地清空用于农业，从而将会减少对森林丰富多样性至关重要的栖息地。

例如，墨西哥南部恰帕斯州的几个地区被指定为生物圈保护区。恰帕斯是大部分袖珍棕榈的收割地，也是 8000 种维管植物的家园（这些植物尤其适于保水），还有 19 种不同类型的植被环境（包括落叶林、云雾林、热带雨林和沿海红树林沼泽）。同时这些森林为许多迁徙和非迁徙鸟类提供了繁殖栖息地，包括美丽的野生绿耳鹦鹉（Lutheran World Relief，2006）。调查显示，每年该地区因砍伐森林而失去超过 50 000 公顷的野生动物栖息地（Alliance of Religions and Conservation，2006）。

纵使森林没有被砍伐，收割 Xate 棕榈（生长于森林地表附近）的传统方法也会给荫庇它们的森林的生物多样性带来相当大的风险。在传统的市场链中，当地人民做着十分艰苦的工作——徒步进入森林采摘和收集棕榈叶，并且按照采集的棕榈数量获得报酬。由于收割者根据数量而不是质量获得薪水，侵略性的 Xate 棕榈收割会快速剥取森林地表的植物。而这些植物给各种生物提供营养物质和微观生境条件，它们本身是健康生态系统功能的组成部分。

生态棕榈项目背后的关键理念是为当地居民提供可持续收获森林产品的激励措施，包括木材和非木材产品（如 Xate 棕榈）。希望当地人民能够意识到他们的生计依赖于长期存在且健康的森林，从而努力保护森林环境。据柯伦特所说，对于 Xate 棕榈可持续采集的激励措施，可以与在同一块土地上通过向特定林地区域的社区或合作社出售政府特许权（如长期租赁）相结合来激励木材的可持续采伐。

作为在林地采伐木材权利的交换，合作社必须同意遵循符合森林管理委员会惯例的林业实践，这些实践经过了雨林联盟的"智能树木"（SmartWood）计划认证。森林管理委员会可供审查的可持续木材采伐标准已经非常完善，并且已经在中美洲使用了十多年。

向持有林地租约的合作社可持续棕榈叶收割每片支付约 5 美分的数额，而不是传统叶片收割获得的 1 到 2 美分，可以鼓励这些森林中 Xate 棕榈的可持续采集。尽管收集的棕榈数量较少，但据称合作社（当然还有收割者）的净收入增加了几倍。

当地人可以接受培训，选择性地收割茎干，只采集那些可能在美国上市的棕榈，那些太小或有缺陷的则不去采集。培训由当地的非政府组织或非营利组织提供，如危地马拉的雨林联盟和墨西哥恰帕斯州（Chiapas，Mexico）的"保护大自然组织"（Pronatura）。2007 年 1 月，路德教会世界救济会拉丁美洲区域副主任琼·瓦戈博（Jean Waagbo）带着迪安·柯伦特、美国长老会教会的梅拉妮·哈迪森（Melanie Hardison）和明尼苏达大学的研究助理瑞琳·琼斯洛斯（RaeLynn Jones-Loss）前往危地马拉和墨西哥。危地马拉的一名当地收割者将他们带入森林，向他们展示了他在采摘植物时如何学会新的可持续技术。收割者解释了如何收割棕榈以使植物生存，以及要避免收割哪些棕榈，直到它们长得更大。"很明显他们接受过训练，相较于从前使用的方法，可以更为可持续地收割棕榈"，瓦戈博说道（私下交流，2007 年）。

"在使用新方法前棕榈丢弃率高达 50%的一些地区，现在的棕榈丢弃率仅占收获量的 5%至 7%"，路德教会世界救济会的布伦达·梅耶尔（Brenda Meier）说道。他在 2006 年拜访了危地马拉和墨西哥的棕榈收割社区（Lutheran World Relief，2006）。

获得采伐非木材森林产品的社区 SmartWood 的认证，并不像获得类似的木材采伐资格那样普遍，但是目前危地马拉和墨西哥的几个社区正在申请 SmartWood 认证。过程本身十分严谨。一旦某个社区决定申请认证，雨林联盟的审核员会拜访他们。给他们提供列表，指出必须满足的 32 个特定资格。当他们有机会满足这些原则和技术的研究条件后，再邀请审核员回来验证进度。在满足所有 32 个资格之前，社区将无法获得认证。非木材森林产品的认证需要包括：制定长期的森林经营战略，建立监测系统以维护森林地区的安全，创建保护区域以保护森林中的栖息地和生物多样性，以及满足其他社会、社区和文化的要求（Current，私下交流，2007 年）。

三、公平贸易认证

生态棕榈项目的第二个关键目标是改善收割棕榈的小型农场主的社会福利。这与促进可持续农业和发展的公平贸易认证计划相一致。美国公平贸易组织（TransFair USA）和国际公平贸易标签组织（Fairtrade Labelling Organizations International）的其他成员可以进行产品认证，如果社区拥有公平的价格、公平的劳动条件、直接的贸易、透明和民主的组织、社区发展和环境可持续性这些特点，那么可以使用"FAIRTRADE"（公平贸易）标记（TransFair USA，2008）。生态棕榈似乎在许多方面都具备资格，但因为目前公平贸易认证的成本过高，项目协调员只能简单声称他们的产品是符合"公平贸易"的。柯伦特指出，"即使它目前没有太多意义，我们也将继续研究这一选择。"（Current，私下交流，2007 年）。

相关证据表明，向生态棕榈支付的溢价，实际上已被转化成了收割叶片社区的社会福利。例如，在危地马拉的卡梅利塔（Carmelita，Guatemala），当地合作社利用他们的额外收益为七个学生提供了奖学金，为过去收割叶片的年长者提供津贴，并支付小学教师的工资（Waagbo，私下交流，2007 年）。提供生态棕榈的合作社可以选择任何方式使用这些钱，尽管他们被鼓励将钱花在社会项目上，以使整个社区受益。

四、供应链

在美国国际开发署（Current，2006）的准许下，柯伦特描述了传统的供应（或市场）链，并在为国际保护组织准备的报告中详细阐述了该链中可能使当地社区增值受益的机会。

他证实道，2009 年 6 月，如果生态棕榈市场持续快速增长，提供此类棕榈的墨西哥和危地马拉社区数量可能不得不增加。目前在运送到美国大型商业中心的进口商仓库之前，这些新社区不太需要冷藏车和冷藏室来处理 Xate 棕榈。而柯伦特面临着一些挑战，包括如何继续增加对生态棕榈的需求，如何在组织上、后勤上和财务上管理增长的需求，以及如何为整个中美洲生态棕榈供应链的扩张提供资金。他意识到随着生态棕榈业务的扩张，在企业起步时面临的挑战和棘手问题正在被一套涉及"达到规模化"的新背景所取代（Current，私下交流，2009 年）。

五、参考文献

Alliance of Religions and Conservation. 2006. ARC joins Sacred Orchid project in Mexico. *News & Resources*（July 1）.
　　www.arcworld.org/news.asp?pageID=132

CEC（Commission for Environmental Cooperation）. 2002. In search of a sustainable palm market in North America.
　　www.cec.org/files/pdf/ECONOMY/PALM-09-02-e.pdf

——. 2009. "Who we are." www.cec.org/who_we_are/index.cfm?varlan=english

Current，D. 2006. The international market for cut greens from the genus *Chamaedorea*：Current mar-ket conditions and opportunities. USAID and Conservation International. http://cecoeco.catie.ac.cr/descargas/xateMarketCI2.pdf

——. 2009. Promoting sustainability and social justice in Latin America through collaboration：The case of eco-palms. "Working Collaboratively for Sustainability" conference，Seattle，WA（April 2-3）.

Current，D.，and R. Jones-Loss. 2008. 2008 Eco-palms report. University of Minnesota（May）. Available from raelynn@umn.edu or curre002@umn.edu

Episcopal News Service. 2008. Eco-palm project makes environmental，social justice part of Palm Sunday celebrations. *Episcopal Life Online*（February 6）. www.cinram.umn.edu/ecopalms/News&Documents/Eco-Palm%20Project%20makes%20environmental%20social%20justice%20part%20of%20Palm%20Sunday%20celebrations-Episcopal%20Life%20Online1.pdf

Lutheran World Relief. 2006. LWR endorses sustainably harvested palms for Palm Sunday. *Lutheran World Relief News*（February 10）. www.lwr.org/news/news.asp?LWRnewsDate=2/10/2006#palms

Rainforest Alliance. 1996. Ornamental greens from the Maya Biosphere Reserve：The Rainforest Alli-ance's certified xate initiative. www.rainforest-alliance.org/profiles/documents/xate_profile.pdf

TransFair USA. 2008. Fair trade overview. *Fair Trade Certified*（April）. http://transfairusa.org/content/about/overview.php

Wikipedia. 2008a. Biosphere reserves. http://en.wikipedia.org/wiki/Biosphere_reserves

——. 2008b. *Chamaedorea*. http://en.wikipedia.org/wiki/Chamaedorea

第二节　加拉帕戈斯群岛的保护融资——资助 "缺失的中间地带"

Brian Milder

　　早在 2003 年，加拉帕戈斯群岛旅游业的蓬勃发展，就是厄瓜多尔萧条经济中为数不多的亮点之一。即便如此，像罗西奥·马丁内斯·德·马洛（Rocío Martínez de Malo）和罗尔夫·威特默（Rolf Wittmer）这样的小型旅游船运营商仍在努力与具有更多资本的公司竞争。这些公司与北美和欧洲的客户有直接联系。游客的急剧增长和大陆居民的涌入，也为这些岛屿的星级景点（具有非常丰富但高度敏感的生物多样性）带来了压力。面对激烈的市场竞争和日益严峻的环境压力，马丁内斯·德·马洛和威特默开始担忧他们多年来一直努力建立的事业，以及他们称之为家园的岛屿的未来。

　　马丁内斯·德·马洛是渔夫的女儿，也是加拉帕戈斯群岛中少数女船主之一。她是达芙妮游轮（Daphne Cruises）公司的老板，也是当地著名的领导人。威特默是岛上最早定居者的子孙，早在 20 世纪 60 年代就开始在岛上开展旅游业。后来他与他的三个儿子一起创立了"罗尔夫·威特默加拉帕戈斯旅游"（Rolf Wittmer

Turismo Galápagos)（简称威特默旅游）。多年来，马丁内斯·德·马洛和威特默都通过雇佣当地居民作为船员来努力减少对环境的影响。他们将个人价值观延伸到旅游业务中，并在加拉帕戈斯社区扎根。2000 年，国际非政府组织"雨林联盟"①和厄瓜多尔的非政府组织"环境保护与开发"（Conservación y Desarrollo，CyD）为加拉帕戈斯的游船运营商制定了一项名为"智能航行者"（Smart Voyager）的新认证②。一旦获得认证，他们就能够向消费者展示他们对当地社会和环境的贡献，从而与未经认证的竞争对手区别开来。

然而要获得"Smart Voyager"的称号，达芙妮游轮和威特默旅游首先需要购买能够减少能源使用和污染的新设备。因为无法为这些采购提供资金或从厄瓜多尔的银行中获得信贷，马丁内斯·德·马洛和威特默担心他们将不能获得"Smart Voyager"称号以及它可能创造的机会。对于小额信贷机构来说他们规模过大，商业银行则认为他们规模过小且风险太大。达芙妮游轮和威特默旅游等企业发现自己陷入了"缺失的中间地带"（missing middle）。他们缺乏可以用于节约成本的资金来使他们更具竞争力，并产生至关重要的社会和环境收益。最终，这两家公司在获得"草根资本"的信贷后获得了认证。"草根资本"是一家非营利社会投资基金，向无银行账户的企业提供贷款，即那些无法从商业机构获得融资的企业。

本章讲述了马丁内斯·德·马洛和威特默在评估可持续旅游认证中潜在环境和社会影响方面的经验，介绍了这些认证通过利用市场需求为社区和保护工作带来的利益，同时也揭示了融资在实现这些利益中的关键作用。"草根资本"向达芙妮游轮和威特默旅游提供的贷款意味着一项在保护融资领域前景良好的创新。就像在农业、林业和渔业中所做的那样，将融资与旅游业认证联系起来可以促进对商业贷方服务不足的小企业的资本投资。有了获得资金的途径，这些企业能够利用认证来巩固它们在市场中的地位，从而在整个美洲及其他地区产生重要的社区和保护效益。

一、机会：可持续旅游业的社区和保护效益

加拉帕戈斯群岛与自然有关的旅游业为我们提供了一个缩影，从中我们可以看到利用市场力量保护生物多样性和改善人们生计的机遇和挑战。

（一）旅游业的全球趋势

旅游产业提供了超过 2.3 亿个职位，是世界上最大的商业行业之一，占全球

---

① 总部位于纽约的国际非营利组织雨林联盟，其使命是"通过改变土地使用实践、商业惯例和消费者行为来保护生物多样性并确保可持续的生计（www.rainforest-alliance.org/programs/index.html）。

② CyD 的使命包括促进可持续发展、合理利用自然资源以及提高公众对资源管理的意识。

经济总量的 10%，总产值为 6.5 万亿美元。旅游产业是世界 80% 的国家国际收入较高的五大产业之一，也是其中 60% 的国家中出口国际收入较高的产业。旅游业对发展中国家的经济至关重要：它被认为是世界 1/3 最贫穷国家国际收入（即出口）的主要来源。旅游收益年增长率在发展中国家为 9.5%，在全球增长率只有 4.6%（International Ecotourism Society，2006）。

虽然旅游业可以为低收入国家创造财富，但在许多情况下，旅游活动的增长加剧了社会不平等、文化混乱和环境恶化的现象。越来越多的游客带来的意外之财往往集中在少数大企业的所有者手中，只有极少量经济收益落到社区居民手中。游客的激增也可能带来一系列相关问题，如人为废弃物和噪声污染、森林砍伐、当地居民转移以及对敏感生态系统的侵犯。联合国环境规划署（United Nations Environment Programme，UNEP）和环境保护国际基金会称，1990 年至 2000 年期间，生物多样性热点地区的旅游业增加了一倍以上（Conservation International，2003）。大多数热门地点都位于发展中国家。这些国家缺乏资源和管理能力，某些情况下还缺乏有效管理自然资源的政治意愿（Contreras-Hermosilla et al.，2007）、精心制定的激励机制、强有力的法规和有效的执法机制，使得与自然相关的旅游业或许将成为一个采集业。运营商在竞争中将短期财富最大化，而不考虑这一行为的长期影响。

可持续旅游业是该行业传统模式潜在的替代方案。联合国世界旅游组织（United Nations World Tourism Organization，UNWTO）将可持续旅游定义为"实现经济、社会和美学需求，对所有资源进行管理的同时，维持文化完整性、基本生态过程、生物多样性和生命保障系统"（World Tourism Organization，2001）。自 20 世纪 90 年代以来，随着传统的阳光和沙滩度假旅游市场趋于平缓，可持续旅游更广泛类别中的生态旅游则每年增长 20% 至 35%，预计在未来几年内也会保持较高的增长率。生态旅游虽然仍只占整个行业的一小部分，但预计到 2012 年，它将占到世界旅游市场的 25%（International Ecotourism Society，2006）。

随着消费者对可持续旅游业兴致的增长，酒店服务提供者和旅行社的数量激增。在这一背景下，彰显企业对环境和社会实践负起责任的认证为消费者提供了确认这些声明的手段。传统的保护方法通常涉及法规和违规处罚，而认证计划则以市场为导向，使消费者能够选择符合社会和环境价值观的产品，并鼓励支持这些价值观的商业行为。

如果一个认证计划符合以下要求，那么它就是有意义的：①要求超越行业基准的社会或环境实践；②对寻求认证的企业和消费者而言是透明的；③认证企业始终遵守认证计划（即存在审查和执行机制）。然而，认证计划还需要一定的成本，例如制定标准、实施审计、改变业务实践以及在某些情况下投资新设备的成本。只有参与企业获得的经济回报达到或超过这些成本，这样的认证才实际可行。

当生态旅游运营商对获得认证的成本和收益进行分析时，他们通常会察觉到更大的客户基础或愿意为其服务支付更高费用的客户带来的财务回报。事实上尽管方式不同，研究已经表明旅游认证商业上的价值：①在服务质量没有下降的同时，降低水、电和化石燃料的成本；②提高客户满意度，获得更多的回头客和顾客推荐；③偏好为其客户选择经过认证的运营商的旅行社（Center for Ecotourism and Sustainable Development，2006）。

雨林联盟可持续旅游业的总监罗纳德·萨纳夫里亚（Ronald Sanabria）声称，越来越多的旅行社倾向于选择获得"Smart Voyager"等认证的旅游运营商，即使他们的客户没有明确表现出这种偏好（Sanabria，私下交流，2008年）。截至2008年，认证才开始吸引到自由行旅客的注意。萨纳夫里亚表示，可持续农业和森林产业也有着类似的发展模式。认证最初在企业的层面变得重要，然后逐渐影响消费者选择的主流意识。随着时间的推移，部分市场不断增长，愿意为具有可识别性的社会和/或环境认证的产品支付额外费用。

目前我们尚不清楚可持续旅游业是否会出现类似的趋势。与咖啡豆和可可等农产品不同，雨林联盟和公平贸易等认证体系在市场上获得了广泛的认同。可持续旅游认证在地理上却是分散的。全世界通过可持续旅游经营者认证的有70多个不同的旅游计划，很容易让游客和替他们预订的旅行社感到困惑。为解决这一问题，雨林联盟、联合国基金会、联合国环境规划署、世界旅游理事会以及"艾派迪"（Expedia）和"旅游城"（Travelocity）等私营旅游公司于2009年建立了一个新的实体——可持续旅游管理委员会（Sustainable Tourism Stewardship Council，STSC）。STSC将认可在全球范围内可持续的旅游认证计划。它的创建者希望这种认证体系能够为市场带来透明度，从而令企业获得经济收益，以产生激励作用，同时增强它们的责任。

（二）加拉帕戈斯群岛的可持续旅游业

加拉帕戈斯群岛位于厄瓜多尔大陆以西1000公里处，是世界上重要的生态宝藏，自1832年以来一直是厄瓜多尔领土的一部分。岛屿的火山景观拥有非凡的生物多样性，包括228种地方特有的动植物物种。而它们的海域是2900种海洋物种的家园，其中有18%的物种在地球上其他地方都没有分布（CDF et al.，2008）。

许多人将这些岛屿看作查尔斯·达尔文进化论的发源地。它们于1959年被宣布为国家公园，1978年被联合国教科文组织列为世界自然遗产。加拉帕戈斯国家公园管理局（Galápagos National Park Service，GNPS）对这些岛屿的管理采用监管和市场导向相结合的方式。居民居住在占加拉帕戈斯群岛陆地面积3%的指定区域，剩余的97%则受到保护，不会被开发。为了规范旅游活动，GNPS

向一定数量的持牌船舶经营者颁发居住许可证，并严格管理居民的资源使用。

　　从前这里是科学研究人员和达尔文爱好者的"朝圣地"，在 20 世纪末的 25 年中，这里发展成为北美和欧洲旅行者的热门度假胜地。这些岛屿的受欢迎程度使得现有居住许可的入住率变高，游客从 1974 年的 12 000 人增加到 1981 年的 25 000 人，1994 年增加到 46 000 人，总体年增长率不容小觑。随着 20 世纪 90 年代初居住率的上升，面对旅行经营者带来的压力，GNPS 将每日床位许可证的数量从 800 增加到了 1400。由于较小的运营商已经最大化利用船床容量，而许可证数量的增加有利于规模更大、资本更充足的船舶运营商。他们能够增加额外的床位或替换成更大的船只。到了 2001 年，游客数量大幅增加，每年达到 70 000 人。游客中超过 2/3 来自其他国家。虽然在 20 世纪 90 年代和 21 世纪初期，加拉帕戈斯群岛的年度旅游收益增长了 14%，游客的满意度却有所下降，他们似乎得到了不好的体验。到 2006 年，访客人数增加了一倍以上，达到 146 000 人（Epler，2007）。

　　大量来自厄瓜多尔大陆的移民被蓬勃发展的旅游业吸引，寻求岛上的就业机会和更高的生活质量。但他们当中的许多人却找不到工作，因为当时拥有更大船只的国际公司正在进行整合，通常从国外引进自己的导游，从大陆获得供应品。新居民一方面向当地政府施压，希望能扩展服务，另一方面又对居住和自然资源的使用限制有所试探。在 20 世纪 90 年代，当 GNPS 试图规范鲨鱼（为了它们的鳍）和海参偷猎时，当地渔民和 GNPS 之间的紧张关系几乎到了引发国家动乱的地步。人类活动的增长以及相关的生态和社会影响，可能会超出岛屿的承载力，危及地方特有的生物多样性（图 4.1）。

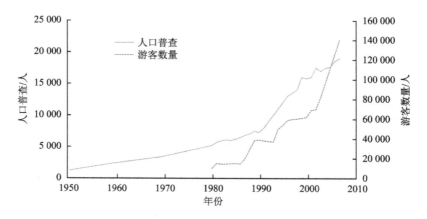

图 4.1　加拉帕戈斯群岛的人口和游客增长（1950~2006 年）

资料来源：Watkins 和 Cruz（2007）

与大多数借助生物多样性发展旅游业的保护区一样，加拉帕戈斯群岛的保护工作取决于居民和游客数量及其影响的管理。确保人类的使用符合一个地区的承载能力，通常属于政府管理者的职权范围。这虽然不是本节的重点，但它是加拉帕戈斯任何成功的保护战略的关键因素。本节的剩余部分将讨论"Smart Voyager"认证利用市场机制在减缓岛屿游客数量增长，以及其中人类影响的作用，对推进过程中融资的关键作用也有所涉及。

二、挑战：调整市场激励措施以降低人类影响

随着加拉帕戈斯群岛的旅游产业在大型运营商中被合并，居民作为船员或向导间接受益的机会减少。不到位的环境法规和执法造成了"公地悲剧"[①]，其原因是船舶经营者在控制燃料排放和人类废物污染上偷工减料。在21世纪初，当地和国际利益相关者对这一现象做出回应，制订了一项针对岛屿船舶经营者的认证计划。但如果没有融资机制的辅助，认证成效将受到限制。

20世纪90年代末，多利益相关方的一个团队召集了政府机构、环境保护团体、旅游部门和当地社区的代表，一起制定加拉帕戈斯脆弱生态系统的保护战略。他们专注于减少加拉帕戈斯群岛的游客，以及85艘接送他们的持照游艇带来的环境影响。目标是建立适用于游船的严格的环境保护实施的自愿标准，并要求船舶经营者教导游客环境友好行为的必要性。符合标准的船只将获得认证，使得游客和旅行社能够在岛屿旅游经营者中做出有依据的选择。

世界银行为雨林联盟和CyD提供资金以开展名为"Smart Voyager"的认证计划（图4.2）。在制定标准时，雨林联盟和CyD邀请了当地的利益相关者和国际加拉帕戈斯旅游运营商协会（International Galápagos Tour Operators Association，IGTOA）。这一个非营利性组织，于2000年创建，由将大部分旅行路线卖给了这些岛屿的33个北美旅行销售商组成。IGTOA为标准制定做出了宝贵的贡献，并承诺支持"Smart Voyager"。根据参与者在此过程中的反馈，认证标准的扩张已经超出了他们初始的保护重点——包括工作人员、家人及加拉帕戈斯群岛社区在内的健康安全和生活质量（专栏4.1）。认证不会直接减少岛上游客的数量，雨林联盟和CyD却认为它可以阻止小型船转为大型船。他们还为认证设定了很高的标准，要求企业将环境影响降至最低，增加对当地社区的贡献。经过认证的运营商将获得IGTOA旅行社的优惠预订，从而为"Smart Voyager"认证创造商业激励。

---

① "公地悲剧"一词指的是一种短期利益行为导致共同利益降低的情况，往往是以牺牲自身的长远利益为代价。它经常被用于渔业，例如加拿大东海岸的"大海岸"（the Grand Banks），渔民尽可能快地从海洋中移走尽可能多的鱼，只会耗尽库存并破坏其长期经济利益。

图 4.2　　"Smart Voyager" 标志

专栏 4.1　　"Smart Voyager" 可持续标准的概述

■ 综合废物管理

—回收废物处理系统，减少废物和管理计划，对船上所有废物进行适当的最终处理和处置

—使用可生物降解的清洁剂：肥皂、洗涤剂、洗发水

■ 严格控制材料的使用、供应和储存

—仔细管理燃料装载和储存，尽量减少溢出风险或泄漏

—船上脱盐工厂生产淡水

■ 减少对环境的负面影响

—用四冲程发动机更换小齿轮上的二冲程电动机（噪声减少 70%，几乎不排放烟雾，使用燃料减少 50%）

—在船体上使用无铅和三丁基锡涂料

■ 降低外来物种引入和传播的风险

—严格管理供应品，尽量降低运输或引入外来植物和动物物种到岛屿的可能

■ 工人待遇

—公平的工资，良好的生活条件以及船员和导游的健康福利

■ 员工培训

—强调对所有人员的环境教育

■ 规划、监控和评估

—考虑技术和经济因素，以及社会和环境因素

　　"Smart Voyager" 计划于 2000 年正式启动。船只在满足至少 80% 的标准时获得认证，并在随后的几年中签署持续改进的书面承诺。CyD 对其进行了初步评估，批准了符合条件的船只认证，并对这些船只进行了年度审核。2000 年到 2002 年，在加拉帕戈斯群岛运行的 19 艘大型和中型船只中（那些载有超过 16 名乘客的船只）5 艘得到了 "Smart Voyager" 认证（表 4.2）。拥有这些船只的 Ecoventura 和 Canodros 是市场上最可靠的公司，可以承担初始的认证费用、年度审计和设备升级。Ecoventura 有四艘船（三艘 20 人乘客游艇和一艘 48 人乘客船）得到认证，而 Canodros 的大型船得到认证，即可以运载 100 名乘客的 "加拉帕戈斯探索者二

号"（Galápagos Explorer Ⅱ）。大型船的认证支付了 1500 美元的初始费用，涵盖了该计划前两年的资金。每次实地审计的后续年费包括每天每艘船平均 160 美元的费用，以及基多或瓜亚基尔（Guayaquil）的旅行费用。

表 4.2　加拉帕戈斯群岛许可的游船载客量（2003 年）

乘客人数/人	船只数量/艘
33～100	9
17～32	10
正好 16	45
少于 16	16
每日游船（最多 32）	5

"Smart Voyager"的认证费用适中，随着时间的推移，符合认证的设备升级产生了净收益。但是对于小型船只（16 名或更少乘客）的运营商而言，前期的投资成本可能是繁重的。它们大多是家庭企业，获得资金的机会有限（参见表 4.3 和图 4.3 中的预计认证成本和积蓄）。上述运营商除了对设备升级融资感到担忧外，普遍还认为认证标准过于复杂，导致小型船舶运营商难以实行。

表 4.3　一艘船"Smart Voyager"认证预计的成本–收益分析（单位：美元）

项目	认证前费用	认证后费用	净节省（费用）	所需投入*	总净节省值（费用）
水	14 400	2 400	12 000	10 000	2 000
燃气**	9 600	5 760	3 840	13 800	（9 960）
海水脱盐装置的维护	—	450	（450）	—	（450）
生态涂料	—	1 250	（1 250）	—	（1 250）
认证和审查的法律费用	—	4 300	（4 300）	—	（4 300）
总量（第 1 年）	24 000	14 160	9 840	23 800	（13 960）
总量（第 1～5 年）	120 000	70 800	49 200	23 800	25 400

*每艘船所需的前期投资包括一个海水淡化装置（10 000 美元）和两个四冲程燃油效率电机（每个 6900 美元）；这两件设备的平均寿命为五年

**省油的电机每年将燃气使用量从 2400 加仑①减少到 1440 加仑，节省成本假设汽油价格为每加仑 4 美元

---

① 1 加仑（美）≈3.785 升。

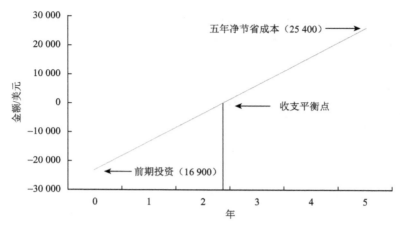

图 4.3　随时间的成本-收益分析

三、认证小型船只运营商

CyD 和雨林联盟下定决心要将整个行业的认证计划扩展到小型船舶运营商。许多小型船舶经营者是原岛民的后代。与大型船只的船主相比，他们倾向于从当地社区雇用更多员工，再将收益投资于岛屿，在岛上长期持有股份并保护当地栖息地。20 世纪 90 年代末，许多小型船舶经营者受到厄瓜多尔银行危机的影响，特别是 2000 年该国货币与美元的汇率变化，导致了通货膨胀和成本增加。

大型船舶运营商一般为厄瓜多尔内陆或国外非居民投资者所拥有，他们抓住时机，获得了许多小型运营商垂涎而不得的船只许可证。有了足够资金，船只许可证的拥有者可以用一艘运载 100 人的大型船只来代替运载少于 16 名乘客的船只。大型公司的整合和扩张是导致游客数量增长的重要原因。CyD 和雨林联盟认为，出色的环境和社会实践能让经过认证的小型船舶运营商区别于未经认证的竞争对手，从而巩固其在市场中的地位。该战略如果成功，将实现两个重要目标：①减少经过认证的船舶运营对环境的影响；②小型船舶经营者能够避免被收购的命运，并减缓转向更大容量船只的趋势。

2002 年，CyD 进行了为期一年的外展工作，向小型船舶运营商介绍 "Smart Voyager" 认证提供的机会。CyD 还对认证标准进行分析，发现 93% 的原始标准适用于所有船只，剩下的标准也进行了修订和调整，从而使其适用于小型船只。2002 年和 2003 年期间，"Smart Voyager" 评估了加拉帕戈斯群岛的 33 家小型运营商，确定其中 8 艘船只通过资格预审，可获得 "Smart Voyager" 认证。所有 8 艘船都主动进行了与安全标准、废物管理和劳工实践的相关认证所需要的改进。但没有人能够承担认证所需的投资成本，如生态友好的四冲程舷外发动机、回收废物处理系统、船上水处理装置和船体外用无铅涂料。

马丁内斯·德·马洛和威特默对"Smart Voyager"的推出表示欢迎，他们认为这将激励运营商改进他们的措施，并奖励维持高标准的企业（如他们自己的企业）。作为小型船舶运营商协会的领导者，他们协助 CyD 和雨林联盟修改"Smart Voyager"标准以适用于小型船只。他们同样也列于启动认证进程的 8 家运营商之中。然而与其他运营商一样，他们缺乏资金以达到认证对发动机升级和安装新的废物处理设备的要求。随着厄瓜多尔经济进一步陷入衰退，国有银行不再向较小的企业提供贷款，即使达芙妮游轮和威特默旅游拥有相对稳定的现金流、良好的信用记录和充足的还款能力。小型船舶经营者似乎被排除在可能创造重大商业收益、保护收益和社区潜在收益的认证体系之外。

四、解决方案：连接认证与融资

"草根资本"向马丁内斯·德·马洛和威特默的企业提供的贷款，强调了第三方认证和融资间的协同效应。在这种情况下，认证对于资金不足的企业的融资方面有着关键作用，为小型旅游运营商创造了机会，使其能够通过社会和环境实践改善来提高其营利能力。这一案例展示了连接融资与可持续实践认证的一个模式，可以大规模地应用于旅游业和其他行业。

（一）"草根资本"：资助"缺失的中间地带"

威廉·福特在华尔街担任投资银行家之后，又在墨西哥农村担任了两年的记者。当福特在墨西哥南部高地的各个村庄旅行时，他对缺乏良好运作的经济结构（特别是正规信贷市场）感到震惊。他观察了墨西哥南部的村民追求生存的策略，如刀耕火种农业、非法采伐和燃木采集。如同许多发展中国家一样，上述策略提供了短期的经济收益，却破坏了土壤，增加了侵蚀，损害了滋养整个社区和生态系统的流域的健康。他看到这些做法会破坏自然环境和村民未来的经济前景，引发如在墨西哥和其他国家普遍存在的环境恶化和极度贫困的螺旋下降，包括人口增长和粮食缺乏的抗争，也包括生物多样性的流失[1]。

在福特到达的许多社区中，农民设法通过组建合作社的方式成功打破这一恶化的趋势。合作社开始向北美和欧洲的买家出口遮阴种植的咖啡豆、有机可可和

---

① 环境保护国际基金会确定的 25 个生物多样性热点地区中，有 19 个国家的人口增长超过全球平均水平。在其中 16 个热点地区，超过 20%的当地人口营养不良（Scherr，2003）。

野外收获的香料等产品。然而每年这些刚起步的乡村企业都在努力生存。由于缺乏资金，它们的发展过早地受到阻碍，它们的困境预示着两个更广泛的趋势，这种趋势系统性地将乡村、小型和成长型企业排除在资本市场之外。

（1）"缺失的中间地带"：对于小额信贷机构而言，它们通常认为需要 10 000 美元到 100 万美元之间资金的企业规模太大；但对于当地商业银行来说，这样的金额规模太小且风险太大。

（2）乡村融资空缺：一方面，小额信贷对偏远农村地区的渗透仍然有限。绝大多数小额信贷客户生活在南亚等地区的城市、城市周边或人口稠密的乡村地区①。另一方面，出于许多城市银行家的偏见，商业银行历来忽视乡村市场。例如，农村地区很少有企业可以融资，或者农村居民的正规商业培训有限。对农民的文化偏见以及不便利的交通也被纳入商业银行的考虑之中（图 4.4）。

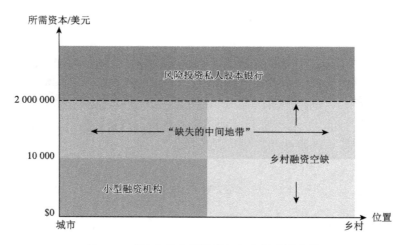

图 4.4　"缺失的中间地带"和乡村融资空缺

为了满足这一市场不足导致的资本需求，"草根资本"通过向个人、组织、基金会、宗教机构和公司等社会投资者借款来筹集低息债务，其发行通常是多年期的。它利用这笔资金向采用环境可持续措施的拉丁美洲和非洲的农村、小型和成长型企业发放贷款。在加拉帕戈斯群岛的案例发生时，"草根资本"向拉丁美洲的企业提供了 2.5 万美元至 50 万美元的贷款，这些企业从农业、木材和非木材森林产品、渔业、手工业和生态旅游部门出口可持续产品②。"草根资本"的大多数

① 尽管过去 20 年来经济增长显著，小额信贷仅被发展中国家超过总人口 1%的人们使用（World Bank，2005）。
② 截至 2008 年，"草根资本"在拉丁美洲和撒哈拉以南非洲的 30 个国家开展业务，其贷款上限从 50 万美元提高到 100 万美元。

客户是农民或工匠的合作社，大多数人之前从未收到过贷款。即使是具有一流环境和社会承诺的私营企业，包括达芬尼游轮和威特默旅游在内，仍然无法明确能否获得融资。

（二）贷款类型

"草根资本"最常见的贷款是贸易信贷，基于生产周期（如一次收割）最长可达一年。通常情况下，贸易信贷贷款的借款人将贷款用作营运资金，从而能够在收割时期从农民手中购买原材料，并在收到买方付款（几个月后）前覆盖加工和出口成本。"草根资本"还提供长达五年的长期贷款，用于设备和基础设施投资以及常规运营。

（三）降低风险

为了降低风险并进入历来银行忽视的细分市场，"草根资本"创建了一种模式，根据生产商的未来销售而非现有资产来评估抵押品。大约80%的"草根资本"贷款期限不到一年，并根据客户及其买家［如星巴克、全食超市（Whole Foods Market）］三方签订的购买合同协议发放。剩余的20%则利用更传统的体系来确保以固定资产（如土地、建筑物）作为抵押品的多年期贷款，长期的商业关系仍然是降低风险的关键。在所有贷款中，"草根资本"投入大量时间进行调查，实地拜访潜在借款人，并建立以沟通和信任为基础的关系。

对于短期贷款，签订的购买合同可以作为抵押，借款人有权利从"草根资本"中获得高达出口合同价值60%的贷款。例如，如果买方承诺在未来九个月内购买十万美元的产品，那么企业可预先获得六万美元的贷款，用来生产、加工和出口产品。借款人承诺的未来分散的收入来源将成为"草根资本"贷款的抵押品。当借款人将产品运送给买方后，买方直接向"草根资本"付费，"草根资本"则扣除贷款本金和利息，并将差额退还给借款人。

"草根资本"的调查和监控流程旨在辨认可能使此次交易脱轨的任何挑战，如天气问题、妨碍产品运输的港口罢工或买方破产。如果产品已发货且买方完成了偿还义务，"草根资本"则将收回贷款。上述保理模型已应用于17个国家超过75个买家——从如"平等买卖"（equal exchange）和"可持续收割"（sustainable harvest）的专业进口商，到如家得宝、1号码头（Pier 1）、星巴克和全食超市的大型全球买家。这种方法对风险评估重新进行定义，将价值放在强调产品质量和长期关系的供应链上。

（四）资助加拉帕戈斯"缺失的中间地带"

　　早在 2003 年，福特通过与雨林联盟执行董事坦西·惠兰（Tensie Whelan）、雨林联盟可持续旅游业的总监罗纳德·萨纳夫里亚交谈，了解到"Smart Voyager"认证。他从墨西哥的下加利福尼亚州（Baja California，Mexico）回来，在那里"草根资本"向渔业合作社提供贷款，投资四冲程舷外发动机，大大减少了燃料消耗、排放和噪声污染。他着迷于在拉丁美洲其他地区资助无污染技术的可能性。虽然"草根资本"的大部分贷款期限不到一年，且需要更多的时间创立长期贷款，但它们为良好的环境效益带来机会，同时比短期贷款收益更高。福特希望发展一个可重复的模式，可以扩张"草根资本"的规模，以帮助保护海洋生态系统并加强这些组织的财务可持续性。

　　毛里西奥·费雷尔（Mauricio Ferrer）和约塞·巴尔迪维索（José Valdivieso）是 CyD 的共同创始人和董事，福特应他们的邀请于 2003 年春季参观了加拉帕戈斯群岛。他最初认为能给生态旅游和渔业企业带来贷款机会且类似于"草根资本"的贷款已在下加利福尼亚州发行，并且将被指定用于购买四冲程船用马达。福特很快察觉到加拉帕戈斯群岛的渔业合作社没有它们的墨西哥同行那么井井有条，也没有接受可持续管理。加拉帕戈斯群岛渔民受到 GNPS 的严格管制，并没有从坚持可持续捕捞中获得经济收益。反之，他们可以通过非法偷猎鲨鱼的鳍和海参获得意外之财。在为期一周的彻底调查中，福特决定将重心放在小型生态旅游业务上，不仅资助四冲程发动机，同时还资助废物处理和海水淡化机器，使运营商能够满足之前未达到的要求并获得"Smart Voyager"认证。

　　为了应对"草根资本"在新产业和新地方承担的风险，福特向岛上两个或三个小型运营商提供试用贷款。如果成功，该种贷款将成为当地银行更大规模复制的范例。在访问 CyD 预先筛选的运营商时，福特重点关注了达芬尼游轮和威特默旅游。它们拥有稳固的现金流，且享有关于提供出色服务、进行环境可持续实践、关注当地社区的声誉。另一个关键因素是透明度。马丁内斯·德·马洛和威特默各自花了一整天时间为福特展示他们的财务报表并解释其业务特点。

　　然而，达芬尼游轮和威特默旅游需要的资本投资贷款并不完全适合"草根资本"的典型贷款模式。一个重大的区别在于它们没有出口实物产品，就像一个农民合作地向星巴克出售有机咖啡豆一样。同时人们也普遍认为旅游业是一个易受到外部冲击的行业，例如 2001 年 9 月 11 日美国的恐怖袭击和厄瓜多尔持续的经济和政治动荡。然而在其他方面，这一供应链与"草根资本"在其他行业融资的供应链非常相似：一个或多个"买家"（通常是美国或欧洲的旅行社）将以提前预订的方式向"生产者"（在这一案例中是旅行运营者）发出"采购订单"。"草根资本"可以将这些可预测的现金流量作为风险缓解和贷款偿还的来源。

1. 罗尔夫·威特默加拉帕戈斯旅游

罗尔夫·威特默是加拉帕戈斯群岛旅游业的先驱，于 1969 年设计并建造了他的第一艘游艇 Tip Top Ⅰ。1982 年，威特默和他的三个儿子成立了"罗尔夫·威特默加拉帕戈斯旅游"公司，并推出了 16 座载人船 Tip Top Ⅱ。为了建造 Tip Top Ⅱ 和之后的 Tip Top Ⅲ，威特默旅游通过国家金融公司（Corporación Financiera Nacional, CFN）的信贷手段获得贷款，这是一家由厄瓜多尔商业银行管理、为低息贷款提供资金和担保的二级融资机构。CFN 在厄瓜多尔银行业危机和随后的自由市场改革期间被变卖。21 世纪初，尽管拥有良好的信用记录，威特默旅游发现自己陷入了"缺失的中间地带"。

Tip Top Ⅱ

通过福特访问期间和他返回美国后的讨论，"草根资本"和威特默旅游达成了一笔 5 万美元的贷款，用于购买四冲程发动机、新的废物处理系统和其他设备（表 4.4 和表 4.5）。

表 4.4 威特默旅游与"草根资本"间的借贷内容总结

项目		明细
借贷总量	50 000 美元	三个四冲程舷外马达（每个 5 000 美元）；废物回收处理系统（8 500 美元）；冷藏室（8 500 美元）；船上海水脱盐机（18 000 美元）
借贷周期		2 年
抵押价值	62 500 美元	根据厄瓜多尔法律，完善对价值 5 万美元的新购设备的抵押权，外加两艘价值 12 500 美元的新型充气小艇
抵押与贷款的比值		1.25
偿还体系		与加拉帕戈斯旅行社（Galápagos Travel）的保理安排，估计占年销售额的 80%，约 50 万美元；贷款将在两年内偿还，每季度支付本金（6 250 美元）和贷款期间累计的利息
税率		12.0%
手续费		0.5%

表 4.5　50 000 美元贷款的威特默默旅游和"草根资本"的现金流（单位：美元）

项目		2003 年		2004 年				2005 年			总额
		Q3	Q4	Q1	Q2	Q3	Q4	Q1	Q2	Q3	
威特默默旅游	获得贷款	50 000	—	—	—	—	—	—	—	—	50 000
	手续费	(250)	—	—	—	—	—	—	—	—	(250)
	本金	—	(6 250)	(6 250)	(6 250)	(6 250)	(6 250)	(6 250)	(6 250)	(6 250)	(50 000)
	利息	—	(188)	(375)	(563)	(750)	(938)	(1 125)	(1 313)	(1 500)	(6 752)
	总额	49 750	(6 438)	(6 625)	(6 813)	(7 000)	(7 188)	(7 375)	(7 563)	(7 750)	(7 002)
"草根资本"	贷款支付	(50 000)	—	—	—	—	—	—	—	—	(50 000)
	手续费	250	—	—	—	—	—	—	—	—	250
	偿还额	—	6 438	6 625	6 813	7 000	7 188	7 375	7 563	7 750	56 752
	总额	(49 750)	6 438	6 625	6 813	7 000	7 188	7 375	7 563	7 750	7 002

注：Q1、Q2、Q3、Q4 分别表示第一季度、第二季度、第三季度、第四季度

在 20 年的经营中，威特默旅游与北美和欧洲的旅行社建立了长期且忠诚的商业关系。到 2005 年，大约 70% 的旅游预订都来自国外运营商、代理商，其中 80%（约合 50 万美元）来自加利福尼亚的加拉帕戈斯旅行社。这种商业关系令"草根资本"能够使用图 4.5 所示的贷款模式，利用加拉帕戈斯旅行社建立还款体系。

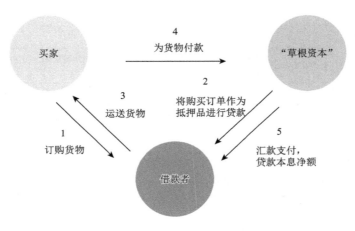

图 4.5 "草根资本"的借贷模式

2. 达芙妮游轮

达芬妮游轮与威特默旅游一样是一个家族企业，由 Rocío Martínez de Malo 经营，并由她丈夫卡洛斯·马尔克·蒙卡约（Carlos Malc Moncayo）管理支持。作为当地社区的杰出领导者，Martínez de Malo 曾担任加拉帕戈斯居民协会（Galápagos Residents Guild）和旅游业建立协会（Association of Tourism Builders）的主席，并担任省旅游协会（Provincial Chamber of Tourism）的副主席。该公司在 1980 年和 1995 年通过 CFN 信贷机构获得贷款，首先建造的是 70 英尺长的达芙妮游艇，然后建造了更现代的游艇版本。众所周知的是，该公司的潜水船曾被用来拍摄史密森学会（Smithsonian Institution）的 3D Imax 电影加拉帕戈斯（Galápagos）。达芙妮游艇的乘客数量是 8 到 16 名。

达芙妮游轮公司还与国际旅行社建立了长期合作关系。尽管 60% 的销售都是线上预订的，它们却分散在几个不同的旅行社中，使得通过买家还款变得复杂且耗时。为了解决这一问题，"草根资本"将舷外发动机、发电机和废物回收处理系统的两年 4 万美元贷款，构建成一项由新资产本身支持的传统贷款，并以公司最近购买的汽车作为抵押品。达芬尼游轮将直接向"草根资本"支付 10 000 美元加利息的半年款项。由于其还款机制风险较高，达芙妮游轮的抵押贷款率为 1.5，而威特默旅游的比率仅为 1.25（表 4.6 和表 4.7）。

表 4.6　借贷总结：达芬尼游轮

项目		明细
借贷总量	$40 000	三个四冲程舷外马达（每个 5 000 美元）；一台 50 马力的发电机（16 500 美元）；废物回收处理系统（8 500 美元）
借贷周期		2 年
抵押价值	$60 000	根据厄瓜多尔法律，完善对价值 4 万美元的新购买和全额保险设备的扣押权，外加价值 2 万美元的新车
抵押与贷款的比值		1.50
偿还体系		通过达芙妮游轮的美国银行账户以六个月的方式支付本金和利息，对本金支付的宽限期为六个月
税率		12.0%
手续费		0.5%

注：1 马力≈735 瓦

五、加拉帕戈斯群岛及其他地方的影响

在达芬尼游轮和威特默旅游无法从厄瓜多尔银行获得信贷的时候，它们能够从"草根资本"中获得贷款，以获得"Smart Voyager"认证所需的投资。两家公司都如期偿还了贷款，在当地银行都不愿发放贷款的情况下，这是一次显著的成功。几年后，马丁内斯·德·马洛和威特默汇报说，他们的设备升级节省了燃料和水的成本，获得的认证鼓舞了员工的士气，提高了客户满意度以及企业的声誉，从而巩固了企业在市场上的整体地位。虽然两家公司都没有具体量化成本节约的额度或客户推荐的增加量，但两位企业家都相信认证对他们的业务有利。

总体来说，"Smart Voyager"认证取得了一定的成功（表 4.3 和图 4.2）。它从 2003 年到 2008 年缓慢增长，认证了另外四个船舶营运商——其中三个为小型运营商，一个为大型运营商。CyD 的约塞·巴尔迪维索称，融资是扩张认证的主要障碍，多达 20 家经过资格预审的本地船舶经营者无法获得设备升级的所需资金。尽管拥有潜在机遇和"草根资本"借款人 99% 的还款记录，以及厄瓜多尔经济已经稳定下来，商业贷款机构仍然对协助小型船舶运营商保持警惕。这样的情况在厄瓜多尔和拉丁美洲大部分地区特别广泛，使得成千上万的小企业陷入"缺失的中间地带"，因缺乏融资渠道而增长受阻。

表 4.7　40 000 美元贷款的达芬妮游轮和"草根资本"的现金流（单位：美元）

项目		2003 年		2004 年				2005 年			总额
		Q3	Q4	Q1	Q2	Q3	Q4	Q1	Q2	Q3	
达芬妮游轮	获得贷款	40 000	—	—	—	—	—	—	—	—	40 000
	手续费	（200）	—	—	—	—	—	—	—	—	（200）
	本金	—	—	（10 000）	—	（10 000）	—	（10 000）	—	（10 000）	（40 000）
	利息	—	—	（2 400）	—	（1 800）	—	（1 200）	—	（600）	（6 000）
	总额	39 800	—	（12 400）	—	（11 800）	—	（11 200）	—	（10 600）	（6 200）
"草根资本"	贷款支付	（40 000）	—	—	—	—	—	—	—	—	（40 000）
	手续费	200	—	—	—	—	—	—	—	—	200
	偿还额	—	—	12 400	—	11 800	—	11 200	—	10 600	46 000
	总额	（39 800）	—	12 400	—	11 800	—	11 200	—	10 600	6 200

注：Q1、Q2、Q3、Q4 分别表示第一季度、第二季度、第三季度、第四季度

从贷方的角度来看，根据"Smart Voyager"等可靠认证筛选潜在借款人有着以下几个潜在优势：通常企业会获得与认证相关的技术援助；企业必须经过严格的第三方审计，并可能拥有基础的会计和报告系统；企业往往比未经证实的同行更节能，员工士气更高，流动率更低；企业在不断增长的高端消费市场领域具有竞争优势。从纯粹的商业角度来看，商业贷方可以通过与可靠的认证计划合作来明确潜在的借款人，从中获取收益。此外，随着最近全球银行趋向更大的企业责任，包括"赤道原则"的广泛采用[①]，为大规模项目的融资建立社会和环境标准，商业贷方也可以从这些努力和工作中获得宝贵的公共关系利益。

加拉帕戈斯群岛及类似地区的有效保护需要采取多管齐下的方法。积极的政府监督对于监管政策的制定和实施至关重要。与此同时，基于市场的机制（如认证）具有巨大的潜力。为了最大限度地发挥其影响力并开放市场以实现公平竞争，这些方法必须与融资相关联，尤其要着重于没有得到充分支持的成员（如"缺失的中间地带"）。像"草根资本"这样的社会贷款者已经阐述了可行的模式，但商业融资机构必须最终进入市场，才能获得更大的成功。

六、鸣谢

非常感谢 CyD 的约塞·巴尔迪维索，达芬尼游轮的罗西奥·马丁内斯·德·马洛、雨林联盟的罗纳德·萨纳夫里亚和坦西·卫兰，威特默旅游的罗尔夫·威特默，"草根资本"的迭戈·布雷内斯和威廉·福特，以及杰夫·麦尔德和丽贝卡·欧妮为本节提供的讯息和见解。也很感激吉恩·李维特和沙朗·梅尔的协助。

七、参考文献

CDF，GNP，and INGALA. 2008. *Galápagos report 2006-2007*. Puerto Ayora，Galápagos，Ecuador：Charles Darwin Foundation；Parque Nacional Galápagos；and INGALA. www.galapagos.org/2008/files/Galapagos_Report_2006-2007.pdf

Center for Ecotourism and Sustainable Development. 2006. A simple user's guide to certification for sustainable tourism and ecotourism. www.rainforest-alliance.org/tourism.cfm?id=toolkit

Conservation International. 2003. Tourism and biodiversity：Mapping tourism's global footprint. Arlington，VA：Conservation International；and Paris：United Nations Environment Programme. www.unep.org/PDF/Tourism_and_biodiversity_report.pdf

---

① "赤道原则"是世界上 60 家主要金融机构的倡议，包括商业银行、保险公司、双边发展机构和出口信贷机构。

Contreras-Hermosilla，A.，R. Doornbosch，and M. Lodge. 2007. The economics of illegal logging and associated trade. Paris：Organisation for Economic Co-operation and Development. www.oecd.org/dataoecd/15/43/39348796.pdf

Epler，B. 2007. *Tourism，the economy，population growth，and conservation in Galápagos*. Puerto Ayora，Galápagos，Ecuador：Charles Darwin Foundation. www.darwinfoundation.org/english/pages/interna.php?txtCodiInfo=33

International Ecotourism Society. 2006. Fact sheet：Global ecotourism. www.ecotourism.org/site/c.orLQKXPCLmF/b. 4835303/k.BEB9/What_is_Ecotourism__The_International_Ecotourism_Society.htm

Scherr，S. J. 2003. Hunger，poverty and biodiversity in developing countries. A paper for Mexico Action Summit，Mexico City，Mexico（June 2-3）. www.oppapers.com/essays/Business/181970

Watkins，G.，and F. Cruz. 2007. Galápagos at risk：A socioeconomic analysis. Puerto Ayora Galápagos，Ecuador：Charles Darwin Foundation. www.darwinfoundation.org/english/pages/interna.php?txtCodiInfo=33

World Bank. 2005. Rural and microfinance institutions：Regulatory and supervisory issues. In *Financial sector assessment：A handbook*. Washington，DC：World Bank Publications. www.imf.org/external/pubs/ft/fsa/eng/pdf/ch07.pdf

World Tourism Organization. 2001. The economic impact of tourism in the islands of Asia and the Pacific：A report on the WTO International Conference on Tourism and Island Economies. Jeju City，Jeju Province，Korea（June 13-15）. Madrid：World Tourism Organization.

第五章　保护投资银行

随着土地保护组织群体在过去的半个世纪中经验的积累和地位的提高，其成员所承担土地保护项目的范围和规模也有所增加。更大更复杂项目的出现呼唤着与之相适应的融资体系的诞生。对于规模较大的那些交易，保护交易者越来越多地采用保护投资银行的手段。

高盛集团在智利卡鲁金卡保护区项目中起到的作用，是投资银行家如何利用其专业知识，资助大型重要生物景观永久保护的一个出色案例。另一个是美国和印度尼西亚于 2009 年 7 月宣布的保护自然抵偿债务（debt-for-nature）。它将减少印度尼西亚超过 3000 万美元负债的压力，换取苏门答腊岛濒临灭绝的老虎、大象、犀牛和猩猩家园的森林保护（Wright，2009）。

在本章第一节中，大自然保护协会（TNC）的格雷格·菲什拜因调查了利用保护投资银行手段资助土地征购项目的优势和潜在挑战。通过创造性地获取各种资金来源，TNC 团队很快就能够拿出资金来保护智利瓦尔迪维亚沿海保护区。那里的优美风景得到了约 60 名参加实地考察的会议参与者的一致赞赏。然而这个融资难题的最后一步却尚未落实到位。在撰写本节时，TNC 仍然在寻求资金，以偿还与第三方合作的循环贷款基金。第三方将有权在保护区上建立一个环境友好的住宅和商业生态旅游旅馆。环境保护者采用日益复杂的财务战略，他们也必须准备承担相关的风险。

第二节就开放空间研究所（OSI）进行探讨，它是美国保护性投资银行的主要从业者之一。OSI 在资产负债表方面的专业知识，使得阿巴拉契亚山脉（Appalachian Mountains）的无数项目受益。这些项目遍布从南部的卡罗来纳州到跨越缅因州与北部加拿大新不伦瑞克省边界的土地。

参 考 文 献

Wright，T. 2009. U.S. to forgive Indonesian debt in exchange for conservation plan. *Wall Street Journal*（July 1）. http://online.wsj.com/article/SB124633204676171767.html?mod=googlenews_wsj

第一节　"在瓦尔迪维亚漂流"——瓦尔迪维亚沿海保护区及其他地区

Greg Fishbein

在 2003 年 8 月一个炎热的日子，大自然保护协会的"Bosques"项目组团队聚集在弗吉尼亚州阿灵顿（Arlington，Virginia）总部的会议室。和我一起的是智利项目主任马戈·伯纳姆和安第斯山脉首席律师卡洛斯·费尔南德兹。正如我们所知道的那样，在过去的六个月里，三个朋友一直专注于保护智利已破产的林业公司——Bosques 森林股份有限公司（Bosques S.A.，简称 Bosques）的庞大森林资源。当我们聚集在桌旁时，我告诉我的同事，富利波士顿金融集团（FleetBoston Financial Corporation）的贾力德·瓦尔德（Jared Ward）刚同意放弃与另一位投资者的交易。如果我们可以在两天内给他一份意向书，他就向我们出售所有 Bosques 的资产担保债券。几分钟内我们就同意敦促我们的高级管理层接受这笔交易。这将成为我们在保护瓦尔迪维亚沿海保护区漫长而富有挑战性的过程中，必须经历的第一次主要的"急流"。

一、Bosques 的努力

Bosques 在智利南部的瓦尔迪维亚沿海山脉拥有 59 700 公顷（147 500 英亩）的壮观的温带雨林。这一与众不同的地产有着 2000 多年历史的高度濒危的智利肖柏（Alerce）森林，分布广阔的淡水湖泊和河流系统，37 公里未受破坏的太平洋海岸线，数英里的沿海沙丘以及丰富的陆地和海洋生物。

为满足日本和智利纸浆厂日益增长的木材需求，所有者已将 3500 公顷的森林改造成了快速生长的桉树种植园，并计划在未来几年内继续对数千公顷的森林进行改造。然而，Bosques 陷入了林业许可证有效性的法律困境。直到智利国家森林公司的诉讼结果出台之前，Bosques 的业务都将被暂停。随着 Bosques 财政状况的恶化，由富利波士顿金融集团牵头的担保贷方迫使该公司于 2003 年 3 月破产。

与此同时，智利政府与 TNC 和世界自然基金会将瓦尔迪维亚沿海山脉（Valdivian Coastal Range）确立为智利最重要的全国重点保护项目之一。虽然智利南部大部分安第斯高原的森林得到了保护，但气候较为温和、物种独特的沿海地区受到了严重威胁。2002 年完成的土地使用权研究明确，Bosques 地带是该地区最大和最重要的保护区。到目前为止，保护区只有 5% 的地产被改造，该地块的保护成为该地区活跃的保护组织财团迫切的工作。此时，Bosques 的主要合作伙伴同意在复杂土地收购方面有丰富经验的 TNC 来领导该项目。

到了 2003 年 4 月，人们对于保护这块珍贵土地的前景感到无比振奋。然而，它仍然面临着令人生畏的挑战。首先 TNC 需要找到一个通过竞争性拍卖程序获得地产的方法。智利破产法规定，公司的主要资产将在七个月内被拍卖，而 Bosques 担保债务的 1600 万美元可用于地产竞标。鉴于地产的价值估计不超过 1000 万美元现金，担保债务的持有人可能会在拍卖中占优势①。

接下来，TNC 及其合作伙伴需要找到一种方法来资助收购。TNC 可以使用 4 亿美元的土地保护基金（land protection fund，LPF）作为短期过渡融资，但为了说服董事会批准这样的贷款，至少一半的保护公共资金必须得到承诺，并且有一个偿还其余贷款的可靠计划。假设购买价格为 750 万美元，加上过户费、债务利息和初始管理费用，需要至少 1200 万美元来资助该交易，并且至少需要 600 万美元来启动 LPF 贷款。在几个月内获得这笔资金（即使获得也无法保证赢得拍卖）是一项重大挑战，这提高了寻找创造性资金来源的必要性。其中该地产上桉树种植园的收成亦是一项重要的融资来源。

最后，TNC 需要与当地利益相关者密切合作，调整方法和目标，围绕交易创建一个有凝聚力的公共关系模式。这项努力工作涉及多样的实体，包括各种智利政府机构和非政府组织，如沿海山脉保护联盟（Coalition for Coastal Range Conservation）、智利公园、国家动植物保护委员会（Comité Nacional pro Defensa de la Fauna y Flora，CODEFF）、柴湖河保卫委员会（Committee to Defend the Chaihuin River）、原始森林工程师协会（Association of Forest Engineers for Native Forest）以及 TNC 和世界自然基金会。虽然这样的保护协议似乎是良性的，但如果没有当地社区和非政府组织的参与和支持，工作一旦被认为对当地造成威胁，或是公众对外国组织的土地所有权有所担忧，那么公众的反对可能是相当强烈的。当时，非智利人的土地所有权尤其敏感。正如安东尼奥·罗拉和罗伯托·乌鲁蒂亚（Roberto Urrutia）在第一章中提到的那样，这一现象源于道格拉斯·汤普金斯（Douglas Tompkins）（他是一个购买并保护智利南部数百万英亩土地的美国人）所遭遇的负面宣传活动，这些负面宣传引起了人们对这些收购危及智利主权的担忧。

二、让我们达成一个交易

随着时间的推移，TNC 及其合作伙伴需要同时工作，以确保在拍卖中获得有利位置，筹集资金，并将非政府组织、政府和其他利益相关者与其战略合作者联系起来。

（一）获得债务

尽管我们与富利波士顿金融集团早期的交流很友好，但并没有达到振奋人心

---

① 破产拍卖会将地产授予最高出价者，可以用现金进行交易，或者抵押贷款持有人可以投标与这些抵押贷款相关的债务面值，在这种情况下为 1600 万美元。基本上这种机制首先让抵押贷款持有人对其担保资产提出索赔，最高可达抵押贷款的价值。因此，需要有人出价超过 1600 万美元才能超过抵押贷款持有人。

的地步。带头的担保债权人富利波士顿金融集团持有 1000 万美元的债务。两家智利银行共同欠下额外的 600 万美元。鉴于剩余担保债务的不确定性以及将任何 TNC 投资转变为地产所有权的能力，TNC 最初对支付数百万美元富利波士顿金融集团债务持谨慎态度。这种风险并不是 TNC 习惯的交易方式。虽然富利波士顿金融集团乐于交流，但同时它们显然正寻求着另一种替代策略。

随着夏季的到来，局势发生了变化。一方面，雨林行动网络（Rainforest Action Network，RAN）因为富利波士顿金融集团对智利雨林破坏的资助，发起了一场针对它的公众运动。RAN 之前曾对花旗银行发起过非常成功的游行抵制，理由是 RAN 认为花旗银行投资了对环境和社会有害的业务。花旗银行最终被迫同意与 RAN 达成一项影响深远的契约，以加强其环保贷款业务。富利波士顿金融集团注意到了花旗银行的经历。RAN 发起了一场大规模的署名投票运动，并且在富利波士顿金融集团波士顿总部上线后，富利波士顿金融集团更倾向于为 Bosques 寻求环境友好的结果。虽然 TNC 从未直接与 RAN 合作，但它知道 RAN 的运动。RAN 也意识到了可以设立一个目标，让富利波士顿金融集团与 TNC 合作以保护 Bosques 地产。

另一方面，美联银行（Wachovia Bank）的董事长，TNC 当时董事会成员之一的艾德·克拉奇菲尔德（Ed Crutchfield）是富利波士顿金融集团首席执行官查德·吉福德（Chad Gifford）的老友。我们与克拉奇菲尔德合作，劝说吉福德为环境做正确的事。富利波士顿金融集团实践小组的讨论确实影响了最高管理层的观点。最后，随着拍卖日期越来越近，TNC 控制担保债务的紧迫性增加，即使这意味着承担的风险可能大于协会能接受的范围。

这些事件加在一起导致了本节开头所描述的交易事件。富利波士顿金融集团一直努力将其担保债务与两家智利银行合并，以便将合并债务出售给想要收购该地产的智利投资集团。富利波士顿金融集团联系小组的贾力德·瓦尔德提议让我们与智利投资者联系，以制定保护协议。相反的是，我向瓦尔德提问富利波士顿金融集团是否会将债务直接出售给 TNC，起初瓦尔德很惊讶 TNC 可以直接购买富利波士顿金融集团的债务，但如果我能在两天内提供意向书，他就同意将其交给管理层。随后我们进行了几次坎坷的 TNC 内部会谈，讨论了将这项投资转为土地所有权所要面临的风险。TNC 最终同意签署购买债务的意向书，这一购买最终将达到 630 万美元。富利波士顿金融集团最终决定转变方向，将环境责任转变为公共关系，与大自然保护协会合作拯救瓦尔迪维亚沿海森林。

截至拍卖前一天，TNC 花了两个多月的时间才完成了对富利波士顿金融集团债务的收购。在对这项复杂交易进行谈判时，TNC 努力花费 630 万美元将获得地产的风险降至最低，但即使这样，也并不意味着消除风险。虽然智利总体上有着强大的法律制度，但在指引破产时依然会遇到一系列风险和不确定因素——智利律师将这一经历称为"漂流"（rafting）。在紧迫的时间压力下，TNC 内部法律顾问卡洛斯·费尔南德兹，以及智利和美国双方律师的法律支持对完成这一过程来说至关重要。

（二）整顿融资

在收购债务的同时，TNC 还在疯狂寻求交易的资金来源。这使得我们能够在 2003 年 10 月 1 日在哥斯达黎加举行的年度会议上获得董事会的批准。TNC 慈善工作人员努力筹集了超过 200 万美元的资金（来自慷慨捐助者）。此外，环境保护国际基金会的全球保护基金（Global Conservation Fund）承诺提供 75 万美元，世界自然基金会承诺提供 100 万美元。然而将近 400 万美元的资金或许不足以说服董事会投资至少总计 1200 万美元的交易。

剩下的关键点是如何实现桉树种植园的价值，以此作为融资来源。据当地评估，3500 公顷的种植园价值至少 300 万美元。但是，可能只能由一个实体支付此级别的价值。智利最大的林业公司阿劳科（Arauco）即将在瓦尔迪维亚北部开设一家价值 10 亿美元的纸浆厂。虽然该公司没有充足的环境保护履历，TNC 还是决定尝试与其联系，试图将桉树木材收获权出售给阿劳科。具体的出售情况取决于环境情况（图 5.1）。

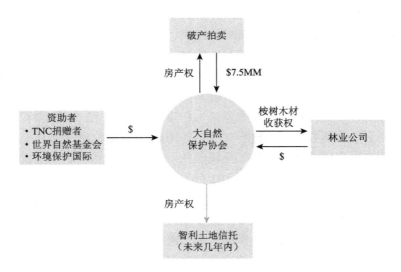

图 5.1　瓦尔迪维亚沿海保护区交易体系

经过与阿劳科的数月谈判，我们终于即将达成协议，该公司将在 TNC 收购地产时提供超过 300 万美元，以换取未来十年桉树收割的权利。我们几乎解决了难题的关键部分。董事会于 2003 年 10 月召开会议，批准使用土地保护基金贷款来收购 Bosques 的担保债务以及随后的地产。然而在会议期间，阿劳科打电话说他们经过重新考虑决定退出协议。他们很乐意在收购"后"讨论这一机会，但不会提前给出承诺。对我们而言这是一个严重的挫折——如果没有预先锁定桉树的价格，我们融资计划的风险就会大得多。

（三）建立一个联盟

除了资金外，如果没有当地社区、非政府组织、大学、智利政府机构以及最终智利公众的支持，我们的项目将无法取得成功。虽然这些团体共同希望从当前所有者手中拯救 Bosques 地产，但对于具体方式上的观点却有所不同。例如，一些团体倾向于几乎没有木材采伐或开采其他资源的公园模式；有些人则倾向于扩展商业活动，为该地区的经济提供机遇。社区对该项目的流域、贝类捕捞、卡车交通以及其他影响其生计方面的影响感到担忧。此外，公众对汤普金斯（Tompkins）收购智利自然资本的担忧引起了广泛争议。

该联盟是由马戈·伯纳姆、世界自然基金会的大卫·塔克林和弗朗西斯·索利斯领导的致力于沿海山脉保护的强大团队。他们孜孜不倦地向利益相关者介绍项目，听取意见，并调整项目设计和公共传播来阐明他们的观点，唤起利益相关者的兴趣。该团队还与智利媒体密切合作，以增强对该项目的积极看法。在公共关系领域，一个不良事件、新闻账户或关键合作伙伴的背叛可能会妨碍一个相当优秀的项目，我们下定决心杜绝这种情况发生在 Bosques 协议上。

11 月拍卖日即将到来，主要利益相关者基本上围绕着一个共同的愿景，即建立一个保护关键区域生物多样性的瓦尔迪维亚沿海保护区，同时继续开展可持续的生产活动，为社区的经济创造机遇以及额外的保护资金。最终将由智利非政府组织、社区和其他利益相关者掌握所有权，以明确保护区的未来管理。

（四）坐在经营者的位置上

2003 年 11 月 5 日，当企业破产法官开始审查 Bosques 地产的购买提议时，我们的一个小组聚集在圣地亚哥市中心的办公室进行讨论。大自然保护协会出价 1600 万美元，即它所持有的抵押贷款的面值，即使该组织仅支付了 630 万美元来购买这些票据。我们的评估结果显示该地产的价值在 700 万美元到 1000 万美元之间，因此其他人不太可能出价超过 1600 万美元。如果有人出价超过 1600 万美元，

TNC 将收到第一笔 1600 万美元的收益，以支付在地产上持有的抵押贷款的红利，从而获得 1000 万美元的利润。TNC 的出价占据上风，几周内就获得了这片土地的合法所有权。收购的最终成本为 750 万美元（债务为 630 万美元，其他债务和成交费用为 120 万美元）即每公顷 125 美元——美国土地收购成本每公顷通常超过 2500 美元，这样的价格仅为它的一小部分。

　　虽然我们很兴奋，但我们依然意识到我们的使命没有完成。创建管理团队、完成融资以及加深社区与合作伙伴的关系的繁重工作就在眼前。

三、保护区的建立

　　在接下来的时间中，TNC 专注于将这片林地变成一流的保护区，其中包括完整的保护管理计划、强大的管理团队以及与主要利益相关者间开放且相互尊重的关系。收购后不久，TNC 聘请了前海岸保护联盟负责人潘乔·索利斯（Pancho Solis）以及该交易的重要合作伙伴来领导该项目的实施。作为一名训练有素的律师，索利斯在大部分职业生涯中都致力于瓦尔迪维亚地区的保护问题。他经验丰富且具有声望，对这项工作提供了重要的援助。在索利斯和 TNC 保护区经理阿尔弗雷多·阿尔莫纳西德（Alfredo Almonacid）的领导下，TNC、世界自然基金会和其他合作伙伴成立了一流的工作团队来管理保护区。该团队由 11 位成员组成，拥有关键基础设施，与当地利益相关者建立了牢固的工作关系，并启动了保护行动计划（Delgado，2005）。

　　2005 年 3 月 22 日，TNC 总裁史蒂文·麦考密克与世界自然基金会代表、智利环境机构、国家环境委员会、区域总督和当地社区的成员一起为瓦尔迪维亚沿海保护区举行开幕仪式。麦考密克说："这一优秀的自然区域曾经受到严重威胁。我们很高兴 TNC 的项目不仅为智利的自然遗产保护提供了意想不到的机遇，也为公众使用和当地社区发展提供了机会。""我们希望这个项目成为通过与当地社区合作来创造公园的案例"，国家环境委员会的执行董事保琳娜·萨瓦利（Paulina Saball）补充说，"这个项目是我们国家追求可持续发展模式的一个案例。我们将继续努力通过制定国家保护区政策（National Protected Areas Policy），包括陆地和海洋组成部分，和公共部门、私营部门一同推进我们的保护工作"（The Nature Conservancy，2005）。

　　早期他们并非没有遇到困难。作为原始财务计划中不可或缺的一部分，桉树的价值兑换难以实现。阿劳科依然是最佳的种植园买家，TNC 收购地产后它仍然对桉树交易表示出兴趣。然而在 2004 年 2 月，有消息称瓦尔迪维亚的黑颈天鹅数量正在骤减。虽然尚不清楚具体原因，但这一现象恰逢阿劳科位于湿地栖息地上游的纸浆设备的开放。那里的栖息地是稀有天鹅的家园。瓦尔迪维亚的抗议者走上街头，迫使阿劳科工厂暂时关闭，当局则对这场环境危机的原因开展调查。因此，至少在目前，选择阿劳科并不是一个好主意。

与此同时，截至 2006 年底，瓦尔迪维亚沿海保护区（VCR）管理团队每年花费 TNC 35 万美元，且原始收购仍有超过 500 万美元的债务，而且这笔债务每个月都在生成高昂的利息。大自然保护协会继续拥有这一保护区，但仍未达到将其转变为智利所有权体系的目标。显然，必须得考虑 B 计划。

四、让我们完成（另外）一个交易

2007 年 1 月，我加入了卡洛斯·费尔南德兹、索利斯与大卫·塔克林以及其他合作伙伴在瓦尔迪维亚的会面。这次会面主要是对我们保护区的选择进行评估。我们一致同意评估各种可能性，包括出售碳权或部分地产进行进一步筹款，或构建其他涉及私人的合作伙伴结构，以达到保护行动计划的目标。

这样的碳融资方案相当有趣。一家总部位于伦敦的投资基金找到我们，希望获得我们保护工作带来的碳效益。如果阻止森林进一步被改造为种植园，或许可以避免数百万吨的二氧化碳被排放到大气中，从而在碳市场产生数百万美元的预期价值。鉴于碳市场还不成熟，信贷货币化的实现具有挑战性。TNC 在估计这样的碳效益时必须遵循高标准，尤其是在保护组织提倡将森林纳入未来全球和国家碳限额与交易制度的时候。TNC 和投资基金通过几个月的讨论，依然无法就基本条款达成一致意见，因此将碳战略搁置一旁。

最终，该团队决定利用以下方法来寻找保护区的主要保护合作伙伴（The Nature Conservancy，2007）。

（1）在智利建立一个新的非政府组织，以持有和管理保护区。

（2）主要合作伙伴（可以是私人组织、非政府组织或政府实体）将占新的非政府组织董事会中的大多数；TNC 和其他合作伙伴将只占少数。法律限制（包括地役权）将会实施执行，董事会的某些决定将会需要绝大多数成员的投票，以确保达到 VCR 的保护目标。

（3）主要合作伙伴将进行前期投资，以涵盖 TNC 项目的资本开销，并资助保护区的长期财务需求。

（4）主要合作伙伴有权在保护区内建造生态友好型住宅或开展商业生态旅游住宿业务。

（5）VCR 的合作伙伴还将在支持创建国家公园方面发挥关键作用，为此项工作贡献 10 000 公顷的 VCR 地产。

本质上，主要保护合作伙伴战略能够让 TNC 实现其财务和保护目标，将地产转让给智利非政府组织，并支持智利第 XTV 区第一个国家公园的建立。我们的挑战在于寻找满足条件且愿意遵守这些条款的合作伙伴。在智利及国际上，大自然保护协会采用了透明公开的流程来明确对合作伙伴的需求，包括广告宣传并聘请经纪人在全球推广。

截至 2009 年年中，TNC 已经收到了许多有合作意向的回应，并与多方进行了初步讨论。金融危机和全球经济状况的恶化，至少推迟了一位重要候选人对这个目标的追求。TNC 希望在 2010 年与适合的合作伙伴达成协议，这会让我们在成功保护的道路上迈入另一条"急流"。TNC 还将继续评估将地产碳价货币化的机会。

五、经验教训

虽然瓦尔迪维亚沿海保护区是一次独特的投机交易，在许多方面都无可复制，但这一项目依然有着几条适用于推进环境保护的重要经验教训。

1. 在适合的地方，私有土地保护是一项大规模的有效保护策略

在世界许多地区，私人和公司在关键生态系统的土地所有权中占据主导地位。例如，在智利和阿根廷的草原上，绝大多数土地都是私人拥有的。虽然政府创建的公园和保护区是这些地区的重要保护成分，但私有土地保护对于实现大范围的保护成果同样至关重要。

美国一直是私有土地保护的先驱。到 2005 年，税收激励、灵活的法律机制、私人慈善和保护道德伦理的结合，引起约 1667 个地方、州和国家土地信托的建立，累计保护了约 1500 万公顷土地（Land Trust Alliance，2005）。

大自然保护协会与多样化的伙伴合作，在其他国家开展类似的运动。在智利，这一运动正通过智利私有土地保护计划进行（见第二章）。瓦尔迪维亚沿海保护区是智利和其他地方支持这一计划的关键案例。

（1）VCR 建立在先前智利私人慈善事业在保护中所起作用的基础上，并将推动私人支持环境的潮流。

（2）VCR 的法律和制度模式将在遵循智利法律的前提下，创立一个可以管理私人保护区的智利土地信托（或基金会）。目前，管理大片土地保护的机构的能力有限。同时还率先使用地役权和其他法律机制来确立永久保护。如第二章所述，智利正在发展私有土地保护的法律体系，VCR 可以为如何构建合适的法律体系提供切实的案例。

（3）VCR 展示了公园和私人保护区之间可以建立的互利关系，以保护优先栖息地的大型走廊。

（4）VCR 还展示了保护如何与当地社区和其他利益相关者需求"兼容"（实质上是相互支持）。

像 VCR 这样的大型土地交易或许是投机的，但它们并不少见。虽然面临着财务困境，但也已经取得了几项伟大而鼓舞人心的保护成就，如智利 27 万公顷的卡鲁金卡保护区，缅因州 10 万公顷的"大北方纸业"（Great Northern Paper）公司交易。在这样的情况下，政府和保护组织提前制定了明确的、以科学为基础的优先事项，使企业能够在优先的领域出现重大机遇时迅速采取行动。

2. 达成保护目标，实现生态系统服务价值，同时支持社区和其他利益相关者的需求，上述目标既重要又富有挑战

正如 21 世纪环境保护界普遍讨论的那样，封闭的生物多样性岛屿并不能令保护走向成功。相反，保护工作需要通过提供经济机遇和生态系统服务（如娱乐消遣、木材、清洁水源和碳封存）来满足人们的需求。此外，为了支持保护的开销，通常必须实现其中一些服务的价值。VCR 项目的设计从一开始就考虑了这些目标，包括以下重要因素：①桉树人工林的可持续收获和生态恢复；②将保护区以及该地区的第一个国家公园开放给公众用于娱乐休憩；③为该地产提供生态旅游业务；④支持各种社区活动，包括贝类捕捞、果树种植、柴湖海滩特许经营、为 VCR 员工提供工作机会。

在可持续社区发展中，VCR 的私人投资已经引发了更多的公共投资，其中包括为旅游基础设施和区域社区项目提供 1000 多万美元资金。该地产的保护行动计划明确了保护区的目标并描述了各种活动如何达到兼容。然而其中许多想法的实施可行性充满了挑战，因此往往难以调和。

例如，桉树的收割以及其货币价值的实现尚未达成。复杂的标准能确保收割操作不会损害流域或其他保护目标，同时减少了木材的价值。这时与林业公司的合作非常重要。因为要确保林业公司的声誉不会损害保护项目的可信度，从而让过程变得更加复杂。此外，仅仅监督木材特许权也需要过硬的管理能力。

另一个富有教益的例子是潜在的碳机会。显然，保护区的建立将比持续商业所有权产生更大的生物量。在开发森林碳项目时，TNC 必须遵守高标准的环境完整性，以避免妨碍将森林更广泛纳入气候变化监管的未来组织议程。鉴于这一点，TNC 在开发森林碳项目时非常谨慎。TNC 倡导工作的关键因素是建立森林碳补偿的可信度。因此，任何被认为不合标准的项目肯定会危及政策目标。

保护社区需要继续创造保护项目的良好实例，这些保护项目认识到了生态系统服务的价值并且支持当地社区。VCR 是一个很好的渠道，但我们必须充分认识到实现这些概念固有的挑战。

3. 转型交易在保护中逐渐发挥关键作用

VCR 交易是越来越多大型转型保护交易中的实例，提高了项目成效和资金门槛，并为成功保护创造了先例。这些交易发生在不同行业，包括土地征用、森林碳项目、新公园和保护区的建立、渔业收购和水资源基金机制。以下是 TNC 和其他组织参与的转型交易的一些案例，其中几个在威廉·比尔·吉恩《投资自然》（*Investing in Nature*）（2005 年）一书中有更为详细的描述。

（1）土地征购。2006 年，国际纸业（International Paper）、TNC 和自然保护基金（The Conservation Fund）达成了一项 3 亿美元的协议，目的在于保护美国南部（甚至整个国家）历史上最大一次私有土地保护销售中 10 个州的 218 000 英亩林地。林地大部分仍然是工作林，而选定的高优先级区域将不会进行采伐活动。

（2）森林碳项目。1997 年，TNC、美国电力（American Electric Power）、英国石油公司（BP）、太平洋电力公司（PacifiCorp）和玻利维亚政府成立了诺尔肯普夫气候行动项目（Noel Kempff Climate Action Project）。这个价值 1080 万美元的项目通过收购木材特许权和减少农业改造，大大减少了玻利维亚东北部 64 万公顷公园的森林砍伐，从而避免了未来 30 年内 580 万吨二氧化碳的排放。该项目阐述了如何减少森林砍伐和退化造成的排放（reduced emissions from deforestation and degradation，REDD），被认为是一个重要的案例。它为如何将 REDD 纳入《京都议定书》和其他碳条例后继条款讨论做出了重要贡献。

（3）保护区。在加拿大，不列颠哥伦比亚省的沿海原住民议会组织（Coastal First Nations）于 2006 年与省政府、TNC 合作，达成了在保护区内安置 500 多万英亩完整温带雨林的协议。双方还致力于为全部 2100 万英亩的大熊雨林（Great Bear Rainforest）建立一个基于生态系统的新管理体系。作为协议的一部分，TNC 为保护区管理和其他用途设立了 6000 万加元的一个保护捐赠基金，由加拿大和不列颠哥伦比亚省政府投资，作为该地区的可持续经济发展基金。

（4）渔业。2006 年，从加利福尼亚州莫罗贝（Morro Bay，California）的商业渔民手中购买了 7 个联邦拖网捕捞许可证和 4 艘拖网渔船后，TNC 成为第一个购买捕捞许可证和船舶用于保护的非政府组织。这些收购是 TNC、渔民和政府监管机构共同努力的一部分，旨在保护 380 万英亩的海域并帮助改善陷入困境的渔业。随着渔业产权的扩张，环境保护者有机会将他们土地保护方面的专业知识应用于海洋保护区和渔业管理。

（5）水资源资金机制。在美国国际开发署（U.S. Agency for International Development）和厄瓜多尔的合作伙伴关系下，TNC 于 2000 年为厄瓜多尔基多设立了一个水资源保护基金。该基金从水资源使用者手中筹集了 600 多万美元，以通过环境保护来保持供水。2008 年，在哥伦比亚波哥大（Bogota，Colombia）也设立了一个类似的基金，预计在此后 10 年内为保护项目筹集 6000 万美元。

　　这些项目全都涉及了多方重要协议，同步进行的包括法律范围内可执行的栖息地保护和资金承诺，以推动实现重要的保护目标。这些交易颇具吸引力的成果以及同步行动的必要性，往往激发比增量计划活动更为重要的成效。转型交易立即产生规模令人惊叹的实地结果。这样的结果也属于推进关键公共政策，以及表明保护中市场、激励措施和私人投资价值的模式。

　　此类项目的成功制定和执行需要强大的本地势力；需要一个包括政策、科学、金融、法律、筹款人员的多学科团队，以及具有项目管理、合作伙伴关系发展和谈判专业技能的项目专职领导层。虽然擅长这一工作的个体分散在少数几个组织之中，但这种大规模的交易手段在保护圈并不常见。为了增加未来的机遇，我们需要扩大"保护投资银行家"的队伍，巩固环境保护者和其他合作伙伴的关系网络，以满足这种转型交易的愿景。

六、参考文献

Delgado，C. 2005. Conservation plan for the Valdivian Coastal Reserve. Unpublished report contracted by The Nature Conservancy（December）.

Ginn，W. 2005. *Investing in nature：Case studies of land conservation in collaboration with business*. Washing-ton，DC：Island Press.

Land Trust Alliance. 2005. 2005 National land trust census report. www.landtrustalliance.org/about-us/land-trust-census/2005-report.pdf

The Nature Conservancy. 2005. Inauguration marks end of a clearcutting era and makes way for public access and local development in the Chilean Coastal Temperate Rainforest. Press release（March 22）.

——. 2007. Information memorandum：Conservation partnership for the Valdivian Coastal Reserve，Chile.（August）. www.nature.org/conservationbuyer/chile/cbp_conservation_partner/

第二节　一个融资计划的剖析——一个保护借贷者的经验

Kim Elliman and Peter Howell

　　据开放空间研究所（OSI）的信贷主管马克·亨特（Marc Hunt）回忆，2008 年一家马萨诸塞州的土地信托公司给他打过一个电话，对方在电话中语气焦虑。该公司已经为土地保护项目借贷了 775 000 美元，希望依靠土地出售的部分收益帮助偿还贷款。公司的土地信托职员在电话中说由于房地产市场比较低迷，预留出售的地块没有卖出，估计在短期内也不会出售。亨特和职员都担心贷款将存在违约的风险。

对于亨特来说，这就像是战争的号角，提醒了他保护融资领域中发生的变化。就在三年前，在北卡罗来纳州西部，他曾用 1600 万美元购买了 1500 英亩的土地，向一家类似的小型土地信托公司申请了 300 万美元的贷款。当时，这样的交易似乎充满挑战。现在亨特极力回顾那些拥有保障公共资金（也称为 take-out financing）的项目。即使贷款金额很大，保障公共资金也几乎是稳定的，所以贷款人和借款人的风险相对较低。过去的时期美好且充裕，而如今的时代已悄然改变。

在马萨诸塞州的案例中，亨特正努力设法解决更为复杂的贷款情况。OSI 没有依赖公众的保障公共资金，而是参与了一系列更为多元化的交易，如新罕布什尔州的一项交易。其中 OSI 与多样化的伙伴团队合作，以资助 5000 英亩的城镇森林收购。这一方法将传统的公共资金与未来木材收成的收益结合，用来支付还款。时代的变化呼吁着更具创造性的保护手段。

当亨特将注意力转向发展马萨诸塞州土地信托贷款创新性的解决方案时，他为环境和融资方式的变化而震惊。现在，作为保护融资中介的土地信托 OSI 面临着这样的问题——许多保护项目资金的最终来源和时长都有着不确定性。截至本节撰写时，也就是 2008 年底，世界正面临着严峻的经济形势和全球性的生态危机。曾经保护领域有着牢固的经济基础，现在却已经变得相当脆弱。财务核保正在转型，债务的使用以及借款人、贷款人的贷款风险正在发生变化。对于那些保护土地的人来说，房地产价格开始下降是唯一的希望。

这些变化为保护贷方带来了新的挑战和机遇。我们不由提出这样的疑问：OSI 应该如何处理依赖于可持续木材采伐的偿还？为兼容或有限开发而出售土地，或开发更具投机性的生态系统服务的项目贷款？在这个急剧变化的环境中，需要对承保政策进行哪些变革从而资助重要的交易？OSI 是否需要从根本上改变为土地交易提供资金的方式？

本章列出了 OSI 学到的核心经验教训。最重要的是，要想取得成功，保护贷款人必须在条件变化时调整其承保额度，事先探寻创新方法来资助关键项目。这一点将决定土地保护的未来。

一、具备良知的银行业

OSI 认为 2000 年是参与保护融资的最佳时机。在 2000 年，可供使用的公共资金相对充足。随着来自开发商的压力越来越大，土地信托对灵活且低成本的贷款资本的需求也不断增长。OSI 作为一个非营利组织，总部位于金融界的中心——纽约，自 1964 年以来一直通过直接收购来保护开放空间。

2001 年，OSI 接管了先前由读者文摘基金（Reader's Digest Fund）的创始者——莉拉·艾姬逊和德威特·华莱士基金（Lila Acheson and DeWitt Wallace Fund）管理的大型捐赠基金。当时 OSI 的资产约为 1.25 亿美元，决定通过推出一项新计划来扩大其保护工作。该计划使用具有保护意识的银行模式为其他土地信托提供赠款和低息贷款，并聘请了具有慈善事业和土地保护背景的高级职员。亨特是一名经验丰富的社区发展借贷者，负责监管信贷分析和贷款承销。OSI 在美国东部某些地区工作，通过严格的尽职调查程序审查项目。与此同时，OSI 维持了牢固的计划重心，即景观规模的土地保护。这便是有良知的银行业务。

非政府土地保护组织作为融资者并非一个全新的概念，在 21 世纪初保护融资领域相当分散。几个大型的国家土地信托基金尚能内部为自己的交易融资，但大多数较小的区域信托基金基本都是自谋生路，寻求各种各样的捐助者（有时来自银行）的贷款。其他一些保护组织则充当着贷款人的角色，包括东北部的缅因州海岸遗产信托基金和科德角契约（Cape Cod Compact），西部的资源遗产基金（Resource Legacy Fund）以及国家层面的自然保护基金等（Clark，2007）。

OSI 认为人们需要一个专注于美国东部的更大的区域实体。作为贷方的最初几年里，OSI 通过了北方森林保护基金（Northern Forest Protection Fund，NFPF）成立议案，并帮助它建立和发展更复杂、更大规模的土地保护交易能力。该基金是为了回应该国东北地区大量林地进入市场而设立的。OSI 首次向土地保护项目提供贷款——2001 年贷款 200 万美元用于帮助公共土地信托基金，以 4000 万美元收购新罕布什尔州北部康涅狄格州河源（Connecticut Headwaters）区 171 000 英亩的土地，NFPF 在其中功不可没。NFPF 通过提供大量的早期贷款资金承诺，再加上赠款 100 万美元，加强了公共土地信托基金与土地所有者、其他主要利益相关者谈判的资本，使得 OSI 的参与对该交易的完成起到至关重要的作用。

截至 2008 年，NFPF 帮助保护了东北部约 140 万英亩的林地。它还提供了 OSI 从缅因州复制到佐治亚州的模式，将赠款和贷款相结合，促进大型景观的保护。在选定地区使用该模式时，OSI 继续评估区域保护需求的状况，地方组织的能力以及区域资金潜力。OSI 帮助协调了目标土地交易，通过引领大规模的典范交易，为国家非营利组织提供支持。对于中小型团体，OSI 起到了协助管理和财务支持的作用，帮助组织保护土地并发展为机构。作为一个诚信的经纪商，即使没有参与协助资助某一项目，OSI 也带来了专业知识、客观建议以及将稀缺资本用于最值得的交易的承诺。

如今开展其保护融资计划时，OSI 工作人员评估了每个拟议项目的优点。它估计了所涉资源的价值以及项目与其他保护区的连通性，提议的土地使用背景以及每个地块受到的威胁程度。工作人员还评估每个借款人的领导能力、组织能力和财务实力。由三方组成的董事会信贷委员会审核每笔贷款和拨款，并在适当情况下向 OSI 全体董事会提出批准建议。截至 2008 年底，OSI 已向美国东部的项目提供了 60 多笔贷款和赠款，总额超过 6000 万美元，帮助保护了价值超过 4.5 亿美元的 160 万英亩土地。此外，在其所处的纽约州，OSI 花费了超过 25 亿美元来保护多于 10 万英亩的休闲公园、农场和森林。

二、土地中的经验教训

（一）经验教训 1：循环你的资金

克拉克（Clark，2007，233）认为，保护循环贷款基金可采用传统的银行借贷模式，并将其纳入保护目标。虽然 OSI 是一个银行，借款人需要担心风险和偿还，但他们可以放心，贷方与他们有着永久保护土地的共同目标，OSI 会全心全意与贷款和赠款的接受者共同努力实现上述目标。

本质上，循环贷款基金代表了最好的回收——利用有限的资金来保护多块土地（McBryde et al.，2005）。每次偿还贷款时，资金都会返还给资金库，为下一个需要的项目做好准备。贷款期限越短，"回合"数就越多，或者这些资金可以重复使用的次数越多。反之，期限越长，"回合"就越少。因为资金在较长的还款日程中被绑定，其他借款人无法获得它。

通过许多短期过渡贷款的交易来循环资本，以实现回合的最大化，与通过更复杂的永久性保障公共资金为关键保护项目提供长期贷款间可能最终存在矛盾。保护融资的资金短缺问题将始终存在。只有通过尽职调查，贷款者才能权衡风险，构建适当的贷款条件，并在有限数量的资本分配中做出明智的选择。

在保护融资计划中，OSI 还创建了一个内部贷款损失储备金，旨在降低贷款违约的风险。由于 OSI 的贷款量相对较低，与商业银行相当多的贷款额度相比，评估 OSI 贷款损失的概率有些困难。然而 OSI 的贷款损失储备金确实有助于员工和受托人控制风险。

内部和外部循环贷款资金都用于保护融资。内部基金，如大自然保护协会的基金，在一个大型组织内循环。另外，OSI 同样使用外部循环基金，向寻求资助保护项目的外部组织提供资金。

虽然外部循环贷款通常提供给中小型土地信托，但 OSI 也向大型国家组织提供低息贷款，如 TNC 和公共土地信托。尽管其中一些组织拥有自己的内部贷款基金，但它们仍然选择从 OSI 借款，以获得对它们有利的利率。这可以在大型土地交易中为借款者节省大量资金。例如，在贷款期限内，OSI 将低息的 2500 万美元贷款给 TNC，以购买在纽约州的 161 000 英亩的 Finch，Pruyn 土地，也许能为 TNC 节省超过 100 万美元的利息，从而有助于该组织收购更多土地。通过提供此类贷款，OSI 降低了交易的成本，使借款的组织能够腾出自己的资金用于其他地方的交易。然而比起降低大型组织的借贷成本，一些保护资助者更希望他们的资本能够造福较小的土地信托。

为了变现贷款计划，OSI 获得了由捐赠基金抵押的 2000 万美元信贷额度。此外 OSI 能够从支持 OSI 保护其特定地区开放空间的基金会中获得大约 1250 万美元的计划相关投资（program-related investments，PRIs）。计划相关投资网络（PRIMakers Network）是一个由资助者组成的协会，利用与贷款计划相关的投资和其他投资来实现慈善目的。

计划相关投资是基金会使用慈善资金的手段。然而与赠款不同，基金会通过偿还或股权收益获得投资回报。PRI 通常以优惠条件为慈善组织或商业企业提供所需的资本。作为回报，资助者可以通过以下几种方式获益：①通常能够为 PRI 后续慈善投资循环付款；②基金会通常能够将 PRI 计入最少 5%的净资产支出；③PRI 能够允许各种类型和规模的基金会产生更大的计划性影响（PRIMakers Network，2009）。

在东海岸，资助者已转向各种中间人，包括 OSI、自然保护基金和其他组织，以制定标准，严格客观地代表资助者管理有竞争力的拨款和贷款项目。然而根据 Clark（2007，253）的说法，"在很大程度上资金的变现和用于支付运营成本的资金将取决于基金会的持续兴趣"，她补充说道，"基金会应继续支持贷款资金，其中最难以抗拒的理由是：充足的贷款资金将提供极高的影响力。投资的每一美元都一次又一次地被重复使用"。在未来几年这些基金会的持续支持将是至关重要的，尤其是在保障公共资金继续减少的假设情况下。

（二）经验教训 2：平衡贷款和捐赠

最初在 NFPF 开展的现场监察活动已经演变为一项保护性融资计划，提供赠款、市场和低于市场的贷款以及可免除贷款。无论是哪种特定项目的融资形式，都需要考虑地理位置、保护价值和受保护景观的规模。OSI 很早就认识到，前期资本提供了确定性，并且经常利用土地信托公司在与土地所有者和其他捐助者的谈判中发挥杠杆作用，从而获得更好的保护成效。

从 NFPF 扩张到新的地区，OSI 利用各种资金来源复制了 NFPF 模式，其中许多资金不能"留在地下"，换而言之，就是作为"股本"直接投资于交易中。OSI 也了解到优惠资本的重要性（即资本提供的利率低于商业市场可获得的），这保证了继续参与交易的益处。OSI 的贷款资本越接近市场利率资本，接受者的需求就越小；贷款资本越像资助（即对接受者来说没有成本的资本），接受者的需求就越大。许多土地信托不熟悉债务，要么缺乏资源，要么缺乏获得债务的专有知识。此外土地信托可能会对支付利息这件事感到不满，即使这一债务能够保护可能会流失的地产。

在过去的十年中，OSI 一直致力于"更自由"地以优惠利率的形式提供资金。在一些情况下，OSI 将市场利率资本与较低的贷款资本混合在一起，并继续研究慈善机构对有助于降低利息成本的贷款优惠——赠款的兴趣。20 世纪后期的经济和金融衰退给政府的资本计划和非政府组织的资金筹集带来了压力。简而言之，因为预计借款人难以偿还保护贷款，贷款需求正在枯竭。除非 OSI 可以提供赠款和低成本贷款资金，否则保护融资的需求可能会消失。

随着贷款需求的减少，最终为了增加交易量，可能会损害保护目标和价值。当贷款需求疲软时，人们通常可以证明保护价值较低的贷款是合理的，因为目前没有更吸引人的保护需要融资。然而根据借贷区域的规模，如果有人愿意做好准备（keep your powder dry）并予以等待，某些项目会比其他项目更具吸引力。贷款基金董事会委员会被要求明确并努力维持任何贷款的最低保护标准。例如，由于专门的州债券融资正在减少，新泽西州的过渡融资机会减少，OSI 及其资助者正在努力确保至少在不远的将来，贷款计划能在没有可靠的永久资金作为保障公共资金融资的情况下生存。

同样，由于资产负债表的削弱或借款人承担风险的意愿降低，困难时期潜在保护借款人的财务实力会有所下降，因此 OSI 必须决定是否要承担更多风险，减少交易，减少贷款或限制它的潜在借款人群体范围。虽然所有选择都不是最理想的，但如果私人和公共的保障资金继续枯竭，这些选择可能是必要的。

低成本且长期的贷款需求继续增加。2008 年，OSI 接受了为期三年的 1000 万美元贷款，用来保护一个超过 10 万英亩的阿巴拉契亚森林区（Appalachian forest）。该林区位于生物多样性丰富的重要迁徙走廊中。面对这类前景，OSI 必须解决风险问题，在资本成本与巨大的土地保护价值中做出权衡。然而，这项拟议的交易表明，在经济衰退期间，如果 OSI 及其资助者愿意接受更少的资本循环回合、更长的贷款时间和相对较低的利率，那么更多大规模保护的机会可能会出现。

（三）经验教训 3：寻找可靠的公共资金

当 OSI 的保护融资计划开始时，它通常提供简单的功能——提供过渡贷款，帮助较小的非政府组织跨越土地购买和永久公共保护之间的鸿沟。北卡罗来纳州的"世界边缘"（World's Edge）就是一个完美的案例（专栏 5.1）。州资金已经分配于该地区的保护，OSI 的主要作用是提供过渡融资资金，一旦进入市场就购买土地。OSI 需要确保借款人和贷方能够收回成本，确保土地因共同利益而受到保护以完成保护交易，并持有保障公共资金的身份。

专栏 5.1　世界边缘，北卡罗来纳州

希科里纳峡谷（Hickory Nut Gorge）位于北卡罗来纳州阿什维尔市附近的阿巴拉契亚山脉南部。这片土地是该州西部最大的未开发土地之一，拥有令人叹为观止的自然景观——波光粼粼的瀑布、陡峭的悬崖、森林覆盖的山坡以及阿巴拉契亚皮埃蒙特地区的壮丽景色。这片土地为各种珍稀植物和动物提供栖息地。2005 年，这个位于世界边缘地区、占地面积为 16 000 万英亩的未开发景观，以 1600 万美元的价格上市。

在几个月内，保护组织已获得土地。卡罗来纳州山地保护协会（Carolina Mountain Land Conservancy，CMLC）是一家位于阿什维尔的年轻土地信托基金，不太可能完成这项任务。尽管其年度预算相对较小，不到 50 万美元，但它还是获得资金用于购买一处价值相当于其净资产总值 9 倍的房产。

确保国家提供最终的保障公共资金是其中的关键。2004 年，北卡罗来纳州议会（North Carolina's General Assembly）认可该地区作为主要旅游目的地及其生物价值的重要性，授权在希科里纳峡谷地区建立一个新的州立公园。在国家进行其他广泛的保护工作之后，这项行动得以开展。该国在 1999 年呼吁实施"百万英亩计划"——承诺在未来十年内保留额外百万英亩北卡罗来纳州的开放空间。

由于北卡罗来纳的州预算陷入困境，这次保障公共资金计划来自公园和休闲信托基金（Parks and Recreation Trust Fund），这是北卡罗来纳州大会为保护项目所产生的收入提供资金的专项基金（清洁水管理信托基金）。由于重要的保障公共资金得到保证，并且国家基金将支付利息和持有成本，CMLC 可以承担初始交易的巨额债务。当谈到这笔交易时，CMLC 知道债务只是一笔允许它们购买重要土地的过渡贷款，并且阻止不太注重保护的利益集团购买。

CMLC 与土地的地产执行人和大自然保护协会的北卡罗来纳州分会合作，达成了这笔交易。OSI 提供了至关重要的 300 万美元的过渡贷款，用于促成自助联邦信贷联盟提供的 300 万美元贷款以及北卡罗来纳州保护信托基金和个人的贷款担保。这些组织的共同努力能够使 CMLC 抓住转瞬即逝的良好时机。交易完成后，所购土地成为不断发展的州立公园的一部分。

OSI 使用的公共资金主要有三种形式：一般收入、债券和专项资金。一般收入的资金是最不可预测的，因为它受年度预算决定的影响。一旦债券获得授权，将专门用于保护。通常需要立法机关每年拨款，但不能保证它的可靠性。最可靠的公共资金形式是专项资金，来自专用基金，这些基金是特定收入来源的资金，在优先权改变时不会被国家机构转移。"世界边缘"的保障公共资金就源自这样一种专用基金。OSI 已经了解到，在承销贷款时，明白这些独特形式的公共资金之间的差异非常重要。这样做可以衡量潜在保障公共资金的安全性和时机，并在可能的情况下将保护的努力工作指引到保障公共资金最牢固的领域[①]。

（四）经验教训 4：趁早找到伙伴并频繁合作

在交易早期提供贷款可帮助借款人获取自身缺乏的议价能力，从而增强与卖方的谈资，有利于更好地保护。OSI 通过参与交易，还可以帮助其他资助者铺平

---

① 有关最近通过提供资金的保护选票措施的地区信息，见 LandVote® Database（Trust for Public Land），www. tpl.org/tier2_kad.cfm? folder_id=2386。

道路，有时能将资金利用提高到五倍至十倍。实际上，OSI 能较大程度上保护贷款者，可以承担相对较高的风险，并吸引其他资助者参与，获得遍及整个项目的收益，并允许当地组织完成快速收购（Endicott，1993）。从 NFPF 的工作中 OSI 学到了如何有效地利用资金，由于大多数项目规模庞大，大部分交易都是通过与广泛参与者合作完成的，包括土地信托借款人、联邦合作伙伴、私营企业（Ginn，2005）以及其他捐助者和贷方。

　　综上所述，出于多种原因，许多中小型土地信托机构获得灵活且价格合理的贷款资金机会有限。一些信托通常只有土地地产而非用于抵押贷款的融资资产。它们可能缺乏支付利息的现金流，也可能根本没有贷款业绩或负债累累。这时 OSI 等中间资助者应当介入并将保护愿景变为现实。

（五）经验教训 5：了解当地景观

　　当 OSI 扩大其地理范围以增强影响力时，它很快就意识到了解当地背景、能力和领导力的重要性。通过聘请区域现场协调员为这一贷款计划搜集信息，OSI 利用对当地景观的微观了解，确认了大型组织为保护性贷款带来的好处。

　　同样，OSI 成立了多种由来自不同资助领域成员组成的咨询委员会。与现场协调员一样，他们对当地的熟悉程度和附属关系有助于指导筹资。在信贷经理马克·亨特的指导下，他们一起协助了 OSI 信贷委员会的贷款项目。"世界边缘"项目明确后，若是贷方了解土地地形、当地政治环境和主要参与者，就可以采用更好的贷款方案。

　　在考虑进入一个新的地区时，OSI 发现在聘用地区现场协调员之前进行评估是有效的。例如，在 2000 年成立 NFPF 之前，OSI 对该地区广泛木材销售带来的机会进行了评估。它谨慎考虑了如何从新的联邦政府吸引大量资金，例如美国林务局管理的森林遗产计划和《2000 年联邦社区重建税收减免法案》（Community Renewal Tax Relief Act of 2000）制订的新市场税收抵免计划（New Markets Tax Credit Program）。

　　同样，OSI 甚至在"世界边缘"进军北卡罗来纳市场之前，就已经完成了对阿巴拉契亚南部地区的评估。评估在各类慈善资助者的支持下完成，包括默克家族基金（Merck Family Fund）、扎卡里·史密斯·雷诺兹（Z. Smith Reynolds）和林德赫斯特（Lyndhurst）基金会。OSI 意识到阿巴拉契亚南部地区是一个受到发展扩张威胁的生物宝藏地带，OSI 试图了解哪些景观是优先级最高的，有哪些资源可以用来保护它们。OSI 的"南阿巴拉契亚保护评估"分析了针对该地区的临时资本、潜在借款人、可能的保障公共资金融资、有前景的项目和地理优先级的需求（Open Space Institute，2004）。它提供了一张保护的蓝图，使在该地区采取的举措更具战略性和有效性。这些基础工作意味着在"世界边缘"实施时，OSI 已经明确了土地购买具有高度的优先级。作为已受到保护的土地扩张基础的一部分，其保护将有助于实现该地区景观层面的保护目标。

NFPF 和阿巴拉契亚南部的评估都有助于创立新的循环贷款基金。此外在进行了研究和评估后，OSI 在培养其他基金资助者上具备优势，当他们知道投资资金将会被投入到最高优先级及最具战略意义的交易中时，自然他们会更倾向于对这一区域的保护进行投资。

（六）经验教训 6：培养能力

有效率的非政府组织已经意识到，财务实力对计划的成功而言至关重要。虽然贷方的评估可以确定当地的土地信托机构组织信用良好而使得计划的成功得到保证支持，但对于同意承担大量债务的小型非政府组织而言，有时补充性的支持计划是必要的。OSI 不仅旨在帮助这些小型组织偿还项目贷款，还帮助它们在财务和组织方面更上一层楼。

当土地信托寻求 OSI 的资助时，培养能力的过程就开始了。在填写信用申请的过程中，组织需要以非常具体的方式评估它们当前的状态，并精确分析资产负债表。这个过程本身就是对小团体的启发与帮助。这些团体往往对土地充满热爱，但对财务报告则缺乏深入理解——这一过程能协助它们了解自身的资产和负债情况，最重要的是了解自身的潜力。

OSI 还通过提供技术援助帮助许多组织实现这一目标。在审查贷款申请时，OSI 工作人员已经调查过很多土地信托，并发起一个名为"数字规划"的研讨会，为土地信托公司的领导人提供改进财务战略规划的手段和技巧（Open Space Institute，2009）。参与者为充分了解到组织面临的巨大财务挑战感到欣慰和感谢。为期半天的研讨会可以帮助参与者根据对资产负债表的进一步了解，为土地信托填写一张财务可持续发展报告。

（七）经验教训 7：重新评估价值

创建"永远野生"的公园和保护区是一种保护生物多样性或确保公众消遣的有效方式。但是工作景观可以缓冲保护区、提供衣食、创造就业机会，也可以作为区域保护"镶嵌图案"的组成部分。与荒野公园和保护区不同，工作景观可以通过木材或农业潜力产生经济价值，从而提供可以帮助土地保护资助的收入来源。土地信托通过使用保护地役权等手段，能以可持续的方式积极影响土地的使用（Fairfax et al.，2005）。例如，工作景观的所有者和管理者通过鼓励恢复林业或有机农业，可以显著增强受到几十年或几个世纪集约农业或林业使用影响的土地的生态系统功能。埃罗尔镇森林（Errol Town Forest）提供了一个成功的工作土地保护模式，许多实体联合起来保护一块在小型社区生活中具有生态、文化、经济作用的土地（专栏 5.2）。

专栏 5.2　新罕布什尔州的埃罗尔镇森林

新罕布什尔州埃罗尔的 13 Mile Woods（13 英里森林）地产位于伍德村的中心地带。直到一个世纪以前，这里的森林一再被削减，为正在成长的国家提供动力。今天，大部分木材市场已经转移到世界其他地区。而在美国东北部，大量的林地正在重新生长。这些相对年轻、未开发的林地尚未因发展而破碎。该地区支持日益增长的休闲市场及为有需要的物种提供栖息地的机遇，实际上有着无限的潜能。

占地 5154 英亩的埃罗尔镇森林位于缅因州—新罕布什尔州边界附近，沿着安德罗斯科金河沿岸有 9 英里的河岸、令人惊叹的森林。这里有着广泛的公共休闲娱乐机会，包括远足、狩猎、钓鱼、越野滑雪和雪地摩托。它同时也是一个重要的野生动物区。驼鹿在林地中漫步，冷水溪流，游动着奖杯大小的彩虹鱼和褐鳟鱼。

埃罗尔镇很大一部分人口生活在贫困线以下，因此寻找能兼顾土地保护和维持当地社区生活的方法是一项相当大的挑战。从森林中汲取资源已成为多代人类文化遗产的一部分。地产进入市场后，社区努力购买土地，在所有部门的支持下，力求从根本上保护土地。

2005 年 3 月，埃罗尔镇居民以压倒性的票数投票通过了购买这片土地作为社区森林的计划。他们从城镇基金拨款 170 万美元。另外 50 万美元则来自新市场税收抵免计划。OSI 向公共土地信托提供了 30 万美元的贷款，该信托协调了该交易，并获得了其他来源的贷款。美国林务局的森林遗产计划及州政府的土地和社区遗产投资计划，提供了新罕布什尔州资源和经济发展部门用于获得关键保护地役权的补助金。上述地役权阻止了该地产未来所有的开发，并要求对该地产进行可持续管理。埃罗尔镇成立了一个名为 13 英里森林协会的非政府组织，为该镇的共同利益管理该地产，产生伐木收益以偿还保护贷款。除了可持续的木材采伐外，该协会利用这片土地为社区提供公共娱乐场所，利用土地使社区受益。对于未来几代人来说，当地居民和游客将继续享受这些作为新英格兰最好的户外休闲区之一的森林。

周到保护当地持有和管理的城镇森林是一个吸引人的模式。它不仅为当地居民带来了好处，而且有益于景观建设。然而，重要的教训在于确认任何社区都可以参与土地保护，以获取利益。其目标应当是保护提供生态系统服务的地方，如清洁水源或鼓励能够产生可持续经济价值的生态旅游和休闲娱乐。很多时候，这些多重好处是可以同时作用的。无论是农场还是森林，但凡在可持续的基础上运营的工作景观，都需要在保护中开发，否则这些空间可能会因开发而流失。最近一项研究得出结论，上述方法是一种具有成本效益的土地保护方法，可以刺激非政府组织的创造力并有助于恢复退化的景观（Milder，2005）。

另一种方法是环境保护者可以考虑有限或兼容开发战略（案例参见第三章第一节），来弥补拨款资金的缺乏。这种方法可能会引起争议，因为它为了资助其余土地的保护，牺牲了一部分地产用于开发。在理想情况下，它包括了绿色或可持续建筑的条款规定，尽管有时就像实际出售部分地产一样，没有任何限制。如果采用后一种方法，土地信托可能会被指责不是在出售土地，而是在出卖土地。从经济角度来看，有限开发战略的好处是显而易见的，尤其是在没有国家和私人补助资金的情况下。

开发计划的成功取决于强大的房地产市场。对于本节提到的马萨诸塞州交易，当市场稳步上升时，房屋能获得的收益可以估算。然而现在市场停滞不前，OSI 和借款人都在问同样的问题，全国各地的房产所有者也都在问自己这个问题：我们能否收回成本？这种状况提醒了我们，土地信托就像房主一样，需要考虑整个经济的微观和宏观趋势。土地信托及其贷方需要确保战略在适当的经济背景范围内合适且可行。OSI 发现，工作保护地役权和有限开发战略的使用意味着有部分保护和毫无保护的土地之间的差别，尤其是当保障公众资金有限或不存在时。

三、结论：展望未来

在很短的时间内，OSI 关于保护融资的实践发生了巨大的变化。OSI 在 2001 年开始提供保护贷款时，当时的经济还相当景气，承保大部分都是允准的。OSI 和其他非政府组织正学习着如何利用古老的银行贷款模式来推动其保护开放空间的使命。

全球经济下滑，加上公共和慈善保障公共资金的减少，大大改变了融资的格局。资产减少，从私人捐助者到主要基金会层面的资金被冻结。债务变得不可靠，借款人变得谨慎，曾经提供可靠保障公共资金的公众实体现在正忙着应付自己的经济危机。跨部门（公共、私营、非营利）运营组织和资助机构在保护计划的资金分配方面非常谨慎。

然而，未来的蓝图正变得越来越清晰。数量有限、极具吸引力的项目将吸引最大份额的公共和私人的拨款支持。其中许多项目仍需要债务或其他形式的融资。虽然此类项目可能会有严格的承保要求，但数量较多的此类项目能带来可控的风险。随着永久性保障公共资金进一步延展，未来此类项目可能比以往任何时候都需要过渡性融资。

在这样的经济环境下，最引人注目的保护项目或许会成功获得全额融资，其他一些项目则需要缩减规模以获得永久性和临时性资金。还有许多项目或许根本不能获得任何资金。保护项目前进的步伐很可能在未来短期内放缓。如果土地价格下跌且卖家奇缺，那么与保护相关的土地收购的黄金时代即将到来。

在某些方面，随着信贷变得越来越少，保护贷方的作用将变得比以往任何时候都重要。银行或许不太能够或不愿意向未开发土地或小型组织贷款。虽然借款人可以直接向 OSI 寻求贷款，但现在他们更有可能咨询有关贷款和赠款组合的可行性，并对能延续多个阶段的交易寻求帮助。

也许保护贷方面临的最大挑战是如何获得并发挥土地全部的价值。考虑到土地为所有生活社区提供的巨大利益，环境保护者在重视其真正价值之前，需要找到创造性的方式为土地保护提供资金（Piedmont Environmental Council，2003）。这可能意味着在困难时期他们需要平衡地产商的资金。为了实现保护愿望，创造性的交易者可能需要考虑：一是包括农场和森林的收入选择，二是与有限开发机会相关的土地销售，以及水、野生动植物和与碳有关的生态系统服务的变现。

尽管经济不景气，OSI 仍然在考虑发展条件更加丰厚的贷款计划，延长贷款和借款期限，并使贷款资本更加灵活。它还将继续资助能力培养的工作，强化小型组织。这些小型组织在当地支持和用于保护与改善土地使用的资金方面有着至关重要的作用。为了做到这一点，OSI 和合作的借款人需要战略性地考虑，把那些从长远看来最有可能成功的交易作为对象，并为后代提供持续的利益。

最终，它需要创新且灵活的资本，并愿意尝试新技术来资助 21 世纪的保护。虽然资本总是供不应求，但我们面临的更大挑战或许是理解和管理风险，并寻找新方法来将土地上潜在价值来源货币化。历史上的经验能够作为保护社区的指南，我们将做好充分准备，迎接这些挑战。

四、参考文献

Clark，S. 2007. *A field guide to conservation finance*. Washington，DC：Island Press.

Endicott，E.，ed. 1993. *Land conservation through public/private partnerships*. Washington，DC：Island Press.

Fairfax，S. K.，L. Gwinn，M. A. King，L. Raymond，and L. A. Watt. 2005. *Buying nature：The limits of land acquisition as a conservation strategy*，1780-2004. Cambridge，MA：MIT Press.

Ginn，W. 2005. *Investing in nature：Case studies of land conservation in collaboration with business*. Washington，DC：Island Press.

McBryde，M.，P. R. Stein，and S. Clark. 2005. External revolving loan funds：Interim financing for land conservation. In *From Walden to Wall Street：Frontiers of conservation finance*，ed. J. N. Levitt. Washington，DC：Island Press.

Milder，J. C. 2005. An ecologically based evaluation of conservation and limited development projects. Master's thesis，Cornell University.

Open Space Institute. 2004. Southern Appalachian conservation assessment. 2004. www.osiny.org/site/PageServer?pagename=Program_Institute_LeveragingCapital_SouthernAppsAssessment

——. 2009. Planning by the numbers：An OSI workshop to help build a financially strong land conservation organization. www.osiny.org/site/PageServer?pagename=Planning_by_Numbers

Piedmont Environmental Council. 2003. *Sources of funds for conservation：A handbook for landowners and non-profit organizations*. Warrenton，VA：Piedmont Environmental Council.

PRIMakers Network. 2009. www.primakers.net/about/faq

第六章　碳相关生态系统服务

在未来十年中，碳排放的全球市场可能扩展到多大的规模？或许碳排放市场会变得非常广泛，甚至超过石油成为世界上最大的商品市场。

2008 年中期，美国商品期货交易委员会（U.S. Commodities Futures Trading Commission）的委员巴特·奇尔顿（Bart Chilton）表示（Harvey，2008），"美国的结构化碳排放市场的潜在规模和范围非常广阔。毫无疑问，排放市场有可能超过其他所有的商品市场"。当时咨询公司"点碳公司"（Point Carbon）做出一项预测，"如果美国参与进来，通过设立自己的联邦限额与交易制度（cap-and-trade system）来限制碳排放，2020 年全球碳市场的价值将超过三万亿美元"（Harvey，2008）。

从那时起，实际上美国又朝着建立自己的碳联邦限额与交易制度迈出了一步。2009 年 6 月，众议院通过《美国清洁能源和安全法案》（American Clean Energy and Security Act）建立了上述市场。现在参议院需要通过相似的立法来走出具有历史意义的下一步。

森林环境保护者一直在制定生态系统服务举措，他们期待着在美国建立联邦碳排放交易制度，以及将在全球实施的后京都气候变化协议的协商。植树造林、工作森林的可持续管理及避免森林砍伐等方法，可以减少大气中的碳排放。

本章将介绍其他两个项目。第一节，Ben Vitale 和他的同事们介绍了厄瓜多尔 ChoCO$_2$ 项目内容。该项目是最早达到《京都议定书》规定的清洁发展机制（Clean Development Mechanism，CDM）标准的项目之一。在第二节中，劳丽·韦伯恩讲述了太平洋森林信托基金（Pacific Forest Trust，PFT）的范埃克森林项目是如何帮助确定加利福尼亚州及其他地区相关项目的标准和协议的。

当未来巨大的碳市场的参与者回顾历史时，他们很可能会把这些项目和 21 世纪相似的早期项目看成一个非常重大的开端。

参 考 文 献

Harvey，F. 2008. Carbon trading set to dominate commodities. *Financial Times*（June 25）. www.ft.com/cms/s/0/b3c78450-42d4-11dd-81d0-0000779fd2ac.html?nclick_check=1

第一节　厄瓜多尔 ChoCO$_2$ 保护碳项目——环境保护国际基金会

Ben Vitale，Tannya Lozada，and Luis Suárez

通贝斯-乔科-马格达莱纳（Tumbes-Chocó-Magdalena）生物多样性地区是南美洲最多样化和独特的地区之一，从巴拿马南部一直延伸到秘鲁北部，面积约为274 597 平方公里（Myers et al.，2000），与科罗拉多州相当。该地区包括了厄瓜多尔受到严重威胁的沿海森林，其中只有约 2% 的原始森林完好无损。

在公元前 2000 年左右，土著人民（如 Quitu、Caras 和 Yumbos）居住在现今厄瓜多尔的基多市附近。他们建立了一个巨大的市场（Tianguez），在从海岸到厄瓜多尔的高地进行货物贸易。其中 Yumbos 在明多（Mindo）附近建立了商业步道。

如今，ChoCO$_2$ 项目正在对占地面积约 6000 公顷的马奎普卡那保护区（Maquipucuna Reserve）内约 500 公顷（1236 英亩）的原生森林进行修复，保护着独特的生物多样性和位于基多以外 50 英里的前印加小径。该项目利用新的全球碳市场（或者 Tianguez），为储存着超过 10 万吨二氧化碳的原生森林的恢复提供资金。

一、建立道德市场

为了挽救我们的行星并达到可持续的平衡，我们必须立即行动，谨慎利用市场的力量来对抗市场自身，否则我们可能会看到有史以来地球上最大规模的灭绝发生（Wake and Vredenburg，2008）。人类正在逐步消耗行星上的资源。我们在生命本身的发源地和摇篮——海洋和淡水系统中留下了大量废物。我们的能源体系以及森林向其他用途的转变正在引发全球的气候变化。这种变化正以一种持续数十万年的方式改变我们脆弱的大气层，并导致地球永久性的损伤（Archer，2008）。其中主要原因是人类对全球自由市场中交易的物质商品充满着强烈的欲望（Ewing et al.，2008）。

在未来几十年内全球人口将趋于 100 亿。我们需要努力保护大自然的馈赠，同时改进自然资源管理以向世界提供衣食。不可否认的是人类对市场力量欣然接受。作为一种经济手段，市场力量已彻底改变了地球的面貌。纵观历史，自1850 年以来，随着土地的改造，随之而来的是运输系统和制造供应链的迅速发展。温室气体排放所带来的全球气候变化已成为我们这个时代最紧迫的环境挑战（Keeling，1978）。

近年来，全球碳市场已成为阻止危险气候变化影响的手段——避免每种温室气体单一分子的排放，包括其中最多的二氧化碳（IPCC，2007）。上述市场评估允许减少大量二氧化碳当量的交换和售卖。通过向温室气体产生主体征收费用，市场推动了温室气体的减排以及创新气候变化解决方案的发展。我们必须制定重视健康环境的碳市场规则。复杂生态系统才刚开始被科学理解，我们要避免对其产生不利影响。

ChoCO$_2$ 项目体现了重视森林恢复对气候缓和影响的早期努力，由此吸取的经验教训可以制定更为可持续的市场规则或"道德市场"，将真正的环境成本内化到全球经济中。

二、项目背景

厄瓜多尔面积约为 256 000 平方公里，是安第斯共同体中面积最小的一个。它历来被分为四个自然区域，每个区域都有丰富的地理和气候环境，使该国成为世界上一些最丰富的动植物群体的家园。据了解，厄瓜多尔约有 16 000 种植物，其中 4000 多种被记录为该国特有物种。世界自然基金会和国际自然保护联盟（International Union for Conservation of Nature，IUCN）定义的六个植物多样性和特有性中心都归属于厄瓜多尔（Valencia et al.，2000）。厄瓜多尔拥有由国际鸟盟（BirdLife International）确定的大约 1640 个物种和 11 种地方特有性鸟类。鸟类物种多样性与巴西、哥伦比亚和秘鲁相似，但这些国家都比厄瓜多尔大上几倍（Freile and Santander，2005）。就两栖动物物种数量而言，厄瓜多尔有 402 种，在全球排名第三。厄瓜多尔境内有两个世界上最重要和受威胁的生物多样性区域，热带安第斯山脉和乔科达连海湾西部（Chocó-Darién-Western）的厄瓜多尔地区，其中包括了埃斯梅拉达斯（Esmeraldas）的湿润森林和厄瓜多尔太平洋沿岸形成的独特的干燥森林。

厄瓜多尔同样有着令人惊叹的人口文化多样性。许多造就该国高度生物多样性的因素，同时也造就了美洲印第安人群体的多样化。厄瓜多尔人口超过 1200 万，官方语言为西班牙语。然而将近 300 万人说着九种现用的土著语言。超过 38% 的人口生活在贫困中，10% 的人生活在极端贫困中。这些数字在农村地区更为显著，其贫困率达到 64%，22% 的人口面临着极端贫困。对于农村人口而言，经济活动与将森林改造为农田和采伐木材直接相关。分散的传统生计活动是厄瓜多尔在南美洲森林砍伐率最高的原因之一。

环境保护国际基金会在厄瓜多尔的计划（CI-Ecuador）始于 2002 年。从那时起几个项目陆续建立，旨在解决生态系统的退化问题，并示范人类社会如何与自然和谐相处。其中最具革命性的计划之一是 2004 年启动的 ChoCO$_2$ 项目。其目标是：①恢复数百公顷的天然林，以缓和气候变化，保护独特的生物多样性；②发展保护性碳项目，实现生物多样性保护和气候变化减缓。该项目是《京都议定书》CDM 中为数不多的与森林有关的项目之一，也是厄瓜多尔遵守 CDM 国际要求的第一个项目[①]。参与该项目开发和实施的是日本理光公司（Ricoh Companies Ltd）、EcoDecision、EcoPar 以及厄瓜多尔的 Jatun Sacha 和马奎普卡那基金会；在英国设有办事处的 EcoSecurities Ltd.；环境保护国际基金会在厄瓜多尔、日本和美国的办事处。$ChoCO_2$ 项目展现了在全球范围内的共同努力。例如，一家日本公司通过支持厄瓜多尔一个创新项目来履行与气候变化相关的义务。

三、$ChoCO_2$ 项目

重新造林项目是在厄瓜多尔的乔科-马纳维（Chocó-Manabí）地区安第斯山脉西部山麓修复约 500 公顷的原生林、位于安第斯山脉和 Chocó 生物区的交叉地区。在完好的和退化的天然林附近的牧场重新造林，可以增加森林覆盖率且重新造林时只使用本地树种。预计 30 年内将储存超过 10 万吨的二氧化碳。

该地区只保留了不到 1/3 的天然森林，是世界上受砍伐威胁最严重的地区之一（Dodson and Gentry，1991）。该地区的森林砍伐主要与农业边界的扩张有关。牧场是生态走廊中主要的土地形式，畜牧业养殖是重要的经济活动且一般集中在低地。在其他地区，牧场只有很少的牛群或者没有牛群，不能为所有者提供足够的生活收入。该地区还适合多种农业生产，如玉米、柑橘、咖啡豆以及甘蔗，也适合生产油棕生物燃料。虽然该地区的大多数社区依靠农业维持生计，但生态旅游（尤其是基多等大城市）在过去十年中的经济重要性日益提高。

$ChoCO_2$ 项目在 CDM 体系中发展。《京都议定书》使发展中国家的减排项目能够获得核证减排量（certified emission reduction credits，CER），同时有助于实现可持续发展目标。该项目对可持续发展相当有益，因为重新造林为当地社区公民创造了就业机会，提高了政府指定为森林保护区的森林覆盖面，并保护了生态旅游地点、岗位和收益。

在此背景下，该项目主要目标是通过建立由本地树种构成的混合种植园来恢复退化前牧场的天然森林植被。森林的恢复将位于与主要和次要的现有林地相邻的地点，以帮助扩大森林面积并建立连接该地区的生物走廊。这种重新造林虽由丰富的本地树种混合组成，但随着时间的推移，森林所产生的结构和微气候条件

---

① 根据《联合国气候变化框架公约》（United Nations Framework Convention on Climate Change，UNFCCC），清洁发展机制是《京都议定书》的组成部分，使发展中国家能够批准具有减缓气候变化效益的项目，如 $ChoCO_2$ 项目使用的造林/再造林。

通过周围森林的传播，会让更多的本土植物和动物物种日益丰富。为了长远的保持，人们被禁止从新的造林地区收获木材产品。恢复活动的资金主要来自碳排放额度的销售（或 CDM CERs），它们来自不断增长的森林碳固存能力。

四、碳交易的诞生和森林的角色

以森林为基础的碳项目具有抵御全球变暖的巨大潜力，同时加强了生物多样性的保护并为社区生计做出贡献。森林的种植可以吸收大气中的二氧化碳，将其储存在木材、树根和土壤中，从而有助于缓和气候变化。此外有效减少热带森林的燃烧和清除可以防止超过 18%的年度温室气体排放。因此，森林砍伐的停止，特别是在大多数以森林为基础排放来源的热带国家，能在减缓气候变化方面发挥重要作用。

根据"斯特恩报告"（Stern Review）关于气候变化经济学的估计，地球上的植被和土壤含有相当于大约 75 000 亿吨的碳，超过了所有剩余石油贮备的含量。该报告指出，"如果不及时采取行动，2008 年至 2012 年森林砍伐的二氧化碳排放量预计达到 400 亿吨，仅仅凭借这一数量就会使大气中的二氧化碳浓度提高约 2ppm[①]，大于至少到 2025 年飞机产生的航空排放累计总量"（Stern，2007）。

全球和国家气候变化政策正在迅速发展，以解决各种问题并扩大行动。1992 年《联合国气候变化框架公约》通过，随后又达成了《京都议定书》，建立了相关机制。截至 2008 年，美国是唯一一个尚未签署《京都议定书》的工业化国家，因此也尚未同意国家温室气体减排承诺。奥巴马政府的新政策以及州和地区层面的进一步行动显示出即将参与的希望。然而全球金融危机或许会限制减少温室气体排放措施的融资。在此情况下，$ChoCO_2$ 项目希望提供经验以帮助其他项目从碳市场中获得森林恢复的融资。此外，随着气候辩论中森林部门的进一步发展，负责减少森林砍伐和退化造成的排放（REDD）的项目越来越多地被认为是减排的来源。

2004 年，尽管《京都议定书》尚未产生效力，但许多公司开始开发气候缓和项目，以期制定具有可识别的合规要求和成本的气候变化法规。环境保护国际基金会（CI）和日本理光公司，以及厄瓜多尔当地的实施合作伙伴开始界定一种新型独特合作。CI 希望推动生物多样性的保护，并为环境问题制订创新的解决方案。日本理光公司希望遵守他们所述的环境总则，侧重于在气候变化面前创造一个可持续发展的社会。《京都议定书》超越了过去典型的自愿和慈善企业的社会和环境项目，在很大程度上是因为日本即将面临的气候变化监管将会要求日本工业减少排放。

《京都议定书》的清洁发展机制带来了新的机会，允许企业通过从厄瓜多尔等

---

① 即 parts per million 的缩写，意为百万分之一。

发展中国家的项目中获得 CER 以抵消部分温室气体排放。因此，所有 ChoCO₂ 项目的合作伙伴都因为共同的愿景而聚集在一起，天然林恢复将产生可量化的减排，以及生物多样性的保护，推动当地社区的可持续发展。虽然 CDM 项目的规则、测量方法以及批准和认证程序尚未确定，但合作伙伴决定共同努力，在实行强制的监管计划前减少这一新生保护项目的潜在风险。

2005 年，《京都议定书》最终得以生效——这是为签署该条约的国家制定排放上限和监管义务的第一步。同时生效的是欧盟排放交易系统（European Union Emissions Trading System，EU ETS）。它建立了一个新的商品市场和一套交易规则，允许买卖碳额度，包括 CDM 项目的 CER。然而，由《京都议定书》和厄瓜多尔政府制定的 CDM 执行理事会的完整规则和程序仍未定义，也未经检验。

在 2005 年批准《京都议定书》后不久，厄瓜多尔环境部部长批准了该国在 CDM 下的第一个造林/再造林（A/R）项目。该项目用于量化碳信用额的方法的 CDM 批准程序并不能迅速执行，需要向 CDM 提交四份单独的文件，至少需要 18 个月才能完成。一旦完成，这一方法将成为世界上第七种获得 CDM 批准的 A/R 方法。但是在 CDM 下每个项目都必须经过验证，在撰写本节时，ChoCO₂ 项目的第二个验证过程尚未完成。CDM 项目认证长时间的拖延和高昂的花费，阻碍了林业项目的发展。到 2008 年底，只有一个 CDM 的 A/R 项目获得认证。

仅在 2005 年以后的短短几年内，总体上正规和自愿的碳市场每年增长超过 660 亿美元，基于森林的碳信用额的比例却仍然很低——不到整个市场的 0.1%。鉴于森林碳项目的平淡前景，欧盟排放交易系统的贸易规定明确排除了林业信贷。在某种程度上这是因为 CDM 法规建立的林业信贷是临时的，仅在短期内有效，必须在到期时进行更换。然而 2007 年自愿碳市场增长到 3.3 亿美元以上，而基于森林的项目约占自愿市场的 15%。我们希望未来的碳市场规则和法规能认识到基于森林的气候缓和活动的重要性，并奖励那些能带来可量化的环境和社会双效益的项目。遵循最佳实践和标准，如气候、社区和生物多样性（Climate, Community and Biodiversity，CCB）标准，是市场可接受的证明合规性的方法之一①。

五、一项创新的保护碳融资尝试

在 ChoCO₂ 项目中有一点非常重要，即能够将碳市场的资金用于大规模的保护/恢复项目。环境保护国际基金会、日本理光公司和当地的厄瓜多尔合作伙伴，包括马奎普卡那基金会、EcoPar 等组织都制订了计划，为 ChoCO₂ 森林恢复项目

---

① CCB 标准由气候、社区和生物多样性联盟制定。这一联盟确保以森林为基础的气候减缓项目提供生物多样性和社会效益。www.climate-standards.org。

提供资金。资金的主要来源是出售碳信用额的收入。所有的合作伙伴都意识到了这种保护碳融资尝试可能带来的新的机遇和挑战。

这个项目在其预期的 32 年生命周期中的财务可行性和成功是由许多因素导致的。第一，在保护工作领域，由于所涉及工作的复杂性，相对来说森林恢复项目费用昂贵。第二，森林恢复项目的前期成本很高，因为土地清理、育苗准备和种植费用都发生在早期阶段（通常一到六年）。第三，由于 $ChoCO_2$ 项目相对较小，某些固定管理成本占总体费用的比例高于通常所需的比例。第四，与界定、监控和验证碳信用额相关的交易成本也占项目费用相对较高的比例。这些要素在项目制定的早期被辨别，因此合作伙伴希望除碳信用额售卖的收入之外，还能获取额外的资金，尤其是在项目制定、CDM 方法发展和验证阶段。

这种设定导致了如表 6.1 所示的费用细目。在实施的早期阶段这些费用百分比相对稳定。如果项目规模较大，碳交易和固定管理成本的百分比将大大降低。然而项目区域包括了许多小型农场和个别土地所有者，因此与其他感兴趣的土地所有者捆绑相当困难。这些方面影响了最终的费用构成。由于该项目的示范价值至关重要，项目管理费用得到了大量补贴。

表 6.1 $ChoCO_2$ 项目活动费用

项目活动	费用类型	费用百分比
重新造林费用	可变	66%
碳交易费用	固定	19%
管理费用	固定	15%
总额		100%

大多数森林碳项目必须整合多个收益流才能在财务上可行。$ChoCO_2$ 项目的财务计划规定，大多数的项目成本将仅由碳额度收益覆盖。这是一种非常独特的方式，完全依赖于碳信用额的价格。这种独特的设定很大程度上取决于项目的保护目标，禁止在项目期间的任何时候收割树木。虽然这一禁令确保了存储在森林和土壤中的碳是永久性的，但它妨碍了项目另一个潜在收入来源。此外与大多数碳项目不同，碳信用额收益并非按照吨数进行每年的支付或取决于认证量的支付。相反，它作为覆盖项目成本的年度支付流被免除，这保证了项目能够覆盖前期成本，并且显示了日本理光公司在项目特殊融资要求上的极大灵活性和深刻的理解。

该项目的实际费用涵盖了额外的管理成本，可能会使总固定成本增加 5%至 10%。由于在制定上具有开创性，在许多方面 $ChoCO_2$ 项目的融资都是独一无二的。它能够创建一个有效的融资体系，这主要归功于合作伙伴共同努力的意愿，以达成创造性的协议。随后的森林碳项目设计可能规模更大，追求多种收入来源，包括碳融资以及着重降低交易和管理成本的比例。

正如在任何创新项目中一样，$ChoCO_2$ 项目给了项目经理以及气候缓和措施法规和政策制定者几个可供参考的经验教训。$ChoCO_2$ 项目的多样化目标使得涉及区域必须经过精心规划，并且选择重要的生物多样性保护区。在这些保护区中，感兴趣的土地所有者为重新造林带来可能性。

六、分裂景观中的土地所有制

在寻找希望重新造林并成为创新项目的合作伙伴的土地所有者上，$ChoCO_2$ 项目面临众多挑战。事实证明，确立符合生物多样性保护、社区和气候缓和效益的项目地点既困难又耗时，尤其是没有作为成功案例的示范项目供未来的土地所有者参考。为了让保护碳项目取得成功，规划者必须选择具有高优先级森林生物多样性和森林恢复潜力，以及与项目开发的社会和经济条件相吻合的地点。为了找到同时满足要求的地点，需要利用生物多样性科学，以及地理空间和社会经济数据。与许多小型土地所有者一起，在极分散的景观中进行森林保护和恢复，需要与项目中的众多农场或场地合作，或将多个小规模项目捆绑成一个。在这一项目中，马奎普卡那基金会将其私人保护区的一部分纳入项目中，并将这一土地由牧场转变为林地，这使该项目能够达到气候缓和以及生物多样性保护的成效。

寻找并联系其他土地所有者来评估他们对重新造林的愿望，这一目标十分困难。由于这个项目禁止了 30 年内的收割，很少有土地所有者想要如此长期地限制土地用途。然而如果没有这一禁令，项目预期的碳信用额和生物多样性的保护价值可能会降低。这些竞争价值体现了明确的权衡，这也是该项目所固有的魅力和可行性所在。

通常拥有小型土地的土地所有者和农民对土地收益有着非常短暂的期望，并常常对森林碳项目所需时长提出疑问。许多土地所有者最初对该项目表现出兴趣，但后来还是决定不参与，主要是因为家庭决策的动态性。"谅解备忘录"的预先实施明确概述了感兴趣的土地所有者的利益和限制，可以帮助避免土地所有者以后选择退出。然而这种缓慢的 CDM 审批程序进一步阻挠了土地所有者和项目合作伙伴的参与。这样的批准和资金延迟令人怀疑该项目是否会成功，并耽误了土地所有者的利益获得。幸运的是，$ChoCO_2$ 项目的支柱性土地所有者是一个基金会。由于基金会有着保护使命，机会成本低于农民。

明确碳信用额等资产的所有权是此类项目的重要因素之一，但不太发达的国家通常存在法规相互矛盾和土地所有权不明确的情况。厄瓜多尔政府为了准备 CDM 重新造林项目，于 2003 年委托了一项法律研究，强调在各种土地保有权情况下，明确森林碳所有权所需修改和阐释的法规。一旦确定并选择了感兴趣的土地所有者，项目开发商必须了解每个项目地点的详细土地所有权情况，因为通常只有在清晰的土地所有权下才能明确碳所有权。实际上 ChoCO$_2$ 项目发现许多站点需要额外的时间和费用来确保清晰的土地所有权。土地所有者一般认为明确土地所有权是参与森林碳项目的重要好处。而从项目开发者的角度来看，明确土地所有权同样也是一个重要的考虑因素。

（一）《京都协定书》的 CDM 规定

ChoCO$_2$ 项目 CDM 执行委员会，于 2007 年初通过项目方法时进行了庆祝。EcoSecurities Ltd.花费了大量时间并提供专业知识来帮助发展这种方法。这是首批被 CDM 批准的 A/R 方法之一，尽管它没有许多早期林业项目的技术和资金优势。那些早期林业项目是世界银行生物碳基金（World Bank's BioCarbon Fund）投资组合的一部分。因为 CDM 尚未批准任何适合 ChoCO$_2$ 项目的方法，所以新的方法是必需的。

ChoCO$_2$ 项目还要求遵守 CDM 项目制定要求，仅允许在 1990 年之前被砍伐的土地上重新造林，并必须符合东道国对森林的定义（每个国家必须根据三个参数来明确森林的定义：树高、树冠覆盖率和最小斑块大小）。1990 年的规定导致选址困难，许多土地所有者无法证明他们土地上的森林是在 1990 年之前被砍伐的。土地使用的卫星数据和多时相分析通常是不可用的，不仅因为开发成本太高，而且在某些情况下卫星生成数据中的地点受多云天气影响。直到项目的启动阶段之前，厄瓜多尔政府都没有按照 CDM 流程的要求提交森林定义，但这并没有什么大问题。如果 1990 年之后没有森林退化活动，那么 1990 年之前被改造为非森林的地区或许会经历一些树木的再生，因此这些地区现在或许被视为森林。例如，在 ChoCO$_2$ 项目中，部分早期就驱逐牛群的小型森林斑块就没有获得资格。

CDM 的进程还需要获得东道国批准。即使在该国正在制定政策和程序的时候，厄瓜多尔环境部依然迅速通过了该项目。根据厄瓜多尔法律，所有与森林相关的项目都需要进行环境影响评估（environmental impact assessment，EIA），但政府放弃了对小规模项目的这一要求，从而降低了 ChoCO$_2$ 的成本。

CDM 的另一个重要规定是所有项目都必须展示"额外性"，这意味着项目不会在没有变化的情况下发生。CDM 执行委员会提供了解决额外性问题的指导和工具，以确保项目在没有碳融资的情况下无法生效。该工具可协助项目记录财务、监管和其他障碍，使其在没有碳融资的情况下不具有可行性。因为所有 ChoCO$_2$ 项目的融资都来自碳融资，所以很容易通过额外性的财务考验。

签署《京都议定书》的国家要求指导 CDM 决策的技术委员会解决林业信贷

可能不具有永久性的问题，因为树木可能被其他力量有意或无意地摧毁。因此，CDM 林业项目提供了两个选择：持续 20 年至 60 年的长期信贷（lCERs），以及必须在 2012 年承诺期之后续订，然后每五年更新一次的短期临时信贷（tCERs）。这一决定限制了基于森林的信贷市场，并且也压制了价格，因为 CDM 的 A/R 信用额度不能被其他信用额度完全替代。

CDM 进程的提交最终需要分析渗漏潜力，或者说将排放转移到另一个地点的可能性。该项目实施了详细的监测计划，以确保妥善处理渗漏或项目移位。

（二）利益相关者的参与和能力

在 ChoCO$_2$ 项目开始时，无论是环境保护国际基金会、当地合作伙伴，还是恢复和保护生物多样性方面的专家，都不具备碳减排相关方面的专业知识来制定和管理所有新的基于森林的气候减缓项目。

了解项目方法制定、监管和审批程序所需的内容，评估目前所有合作伙伴在各自角色中的能力，以及制订计划来增强每个合作伙伴的能力，在所有项目阶段都至关重要，尤其当在面对碳融资等新概念时。如果当地社区和合作伙伴在森林相关项目，以及悠久的历史和成功的协作领域记录上，具备牢固的技术知识，那么项目能够更快开展并且遭受更少挫折。能立即在多个领域（如森林恢复和保护实施、赠款和财务管理以及过程监测）做出贡献的机构可以更容易地发展碳项目。例如，Jatun Sacha 和马奎普卡那基金会被选中，是因为它们具备重新造林的专业知识和保护经验。而 EcoPar 被选为项目监测的伙伴，EcoDecision 被选为项目制定的伙伴，是因为它们具备厄瓜多尔其他项目的技术知识和经验。

由于规模较小和禁止木材采伐的限制，ChoCO$_2$ 项目并非旨在创造显著的社区发展效益。通常较大规模的森林碳项目必须评估当地和区域土地使用模式，并建议增加森林碳储量，以及为社区或个体土地所有者带来经济利益的经济替代方案。特别是在涉及土著人民或依赖森林的社区时，其中一些森林碳项目实际上有助于维持文化传统。

此外，森林碳部门的广泛经验表明项目开发者必须考虑到每个项目的独特性：①项目设计过程需要长时间的社区咨询；②项目需要 12 至 24 个月才能通过验证；③活动变化很大，导致成本大不相同，从数十万到数百万美元不等；④必须在众多土地所有权情况下，明确土地使用权和碳所有权。

（三）财务可持续性

ChoCO$_2$ 项目的财务可持续性取决于碳信用额的收益。森林碳项目的碳定价受到众多因素的影响，但这样的价格必然较低。毕竟 CDM 规定建立了临时信用额，而欧盟排放交易系统不允许交易 CDM A/R 项目信用额度。与其他气候缓和项目相比，这些不公平的规定使得最近的碳项目处于劣势。如果改变这些规定，它们可以为扩张森林碳项目和提高其长期可持续性提供强大的推动力。

如之前所述，项目的大小必须适当，以确保它们能有效地分摊固定成本，包括碳交易成本等。这一点对于小规模的 CDM 造林/再造林项目而言尤其困难，因为 CDM 生效、监测和认证的成本非常高，可能占到项目总成本的 10% 到 25%。将多个土地所有者联合起来既费时又复杂，对于森林碳项目尤其有挑战性。如果较大的项目更具经济效益，项目开发商就会选择与单一、大型且通常更富裕的土地所有者合作，而不是旨在为小农户提供可持续的发展利益。

土地所有者的项目效益必须高于分配给森林碳项目土地的机会成本，这在财务可行性上尤其困难。因为碳的价格低于机会成本，并且与典型的农业替代用途相比，这项资金收到的时间较晚。如果农民、社区或政府将土地分配给森林碳项目，他们就限制了自己从其他土地使用替代品中获利。农民也需要即时和年度收益才能维持生计，因此项目必须涵盖即时产生的激励措施和替代品，以能够让农民受益。激励协议的范围很广，肯定会影响森林碳项目的财务可行性，特别是考虑到未来这些机会成本可能上升，从而给其他用途的森林改造施加更大的压力。

机会成本差异很大。由于土地高度退化甚至可能被遗弃，因此许多土地使用的机会成本很低。这些地区或许是森林碳项目的理想地点，以测试更高价值的土地使用。如果有重新造林的可能，其价值容易超过机会成本。但是，如果这些区域过度退化，这样做可能会削弱它们产生其他环境效益的能力。

设计大型项目是推动财务可持续性的关键因素之一。在未来，如果国际政策将 REDD 纳为可靠的气候缓和行动，那么项目可能更容易将土地利用和收益流在更大的区域结合。例如，在 REDD 计划保护的森林附近实施农林系统或森林恢复活动可以带来双重的好处，既减少对现有森林的压力，又通过储存产生额外的碳信用额收益。

森林碳项目在所有气候缓和行动中具有较大的潜力，可以带来积极的环境和社会效益。事实上，大多数其他类型的气候缓和都有负面的环境权衡。在直接依赖非木材森林产品或由森林提供生态系统服务（如清洁水）的社区尤其如此。CDM 旨在帮助各国实现可持续发展目标。然而，这些生态系统服务效益并没有被正式认为是重要的，它们尚未为森林碳项目产生大量额外收益。如果森林碳项目可通过利用环境服务支付等方式，有效地将多种利益货币化，那么它们可能会使收入多样化并增强财务的可持续性。

七、保护碳融资的增长

（一）重新造林项目的复制能力培养

当项目参与者研发多个项目并将经验教训应用于后续项目时，森林碳行动的复制可以得到有效的实现。然而，由于森林碳项目不久前才出现，很少有组织能够在多个项目中应用它们的知识。另外由于很少有项目进入实施阶段，森林碳项目尚未在项目规划者和当地社区之间广泛分享经验教训。成功的小规模项目逐步积累的经验，为扩大规模和处理更复杂的项目奠定了基础。与此同时，它们增强了当地项目参与者和碳市场融资者的信心。因此，如果这类项目要成为气候变化缓和战略广泛接受且常见的组分，那么需要在各种地理和社会经济背景下，对地方机构和社区进行广泛的能力建设。

（二）规模经济

景观规模的项目设计在财务和生物方面更具可行性，但规模越大，项目就会越复杂。景观规模项目需要在与政府、社区、私有土地所有者以及其他主要利益相关者的合作基础上，进行大量的规划和前期投资。如果设计恰当，较大的项目可以优化生态系统服务效益，并能有效地将较小的项目捆绑在一起，从而为勉强维持生活的农民提供经济鼓励，并为贫困社区带来收益。这需要明确土地使用权，与许多土地所有者达成协议，并进行 CDM 规定所需的多时相土地使用分析。特别是在可以量化的情况下，如通过使用气候、社区和生物多样性标准，景观层面的方法可以从环境服务中开发多个收益流，还可以降低可持续发展效益的交易成本。全球公认的标准确保项目能产生环境和社会积极效益，能够提高碳项目的质量和市场性。

（三）国际气候政策

国际政策必须有利于森林的气候缓和，否则，财政激励措施不足以吸引私营部门的重大投资流动或促使社区寻求这一新的融资机会。如果政策机制有利于建立碳市场，那么必须将森林碳减排纳入欧盟排放交易体系，并且定价必须与其他气候变化缓和措施相媲美。任何替代方案都可能缺乏足够的动力来实现森林部分所需的全球减排量。

（四）综合减少毁林和退化造成的排放

如果 REDD 在国际政策机制下变得可靠，那么制定和实施能够实现规模经济的大型景观规模项目将会更为容易。第一，REDD 的气候缓和将会比 A/R 的气候缓和行动耗费更少，因为后者所需的种植和维护幼苗的成本更高。第二，如果通过国家层面的碳核算和监测实施 REDD，与 CDM 类似机制相关的、基于项目的交易成本可能会大幅减少。第三，合并各种类型的土地替代用途将获得更大的灵活性，用以增加和维持高森林碳景观的气候缓和收益。

国家政策激励措施导致许多土地使用发生了变化，因此将所有类型的林业活动与国家总体计划相联系的项目会优化土地使用规划决策，通过由当地利益相关者定义和推动的实地行动来实施国家计划。然而如果基于绩效的计划旨在降低交易成本，而不是构建 CDM 类似机制，那么此类行动的成本则可能会降低。整体土地使用变化的努力工作，也可能吸引私营部门更高程度的投资，因为这样可以通过强调系统性土地使用变化的推动因素来提高利润并降低长期项目风险。私营部门投资的前提是政府通过透明的治理体系明确所有权，公平分配收益，并确保对绩效目标进行适当监督。

为了利用这一新兴的融资机会，一个国家必须提升其规划和实现 REDD 的能力，特别是实施由社区和保护优先事项驱动的实地工作。无论气候变化谈判是否会导致 REDD 的非市场、市场连接或基于市场的激励措施，都需要立即具备这些能力。

（五）厄瓜多尔的 Socio Bosque 计划

2008 年 9 月，厄瓜多尔政府制定并启动了一项名为 Socio Bosque 计划（Programa Socio Bosque，Forest Partners Program，森林合作伙伴计划）的国家计划，以补偿当地人民保护森林的努力。它向贫困农村家庭提供森林保护的报偿。这些家庭保护着超过 300 万公顷的森林，从而减少了 25%的森林砍伐并避免了大约 1350 万吨二氧化碳排放。森林合作伙伴计划与厄瓜多尔的国家发展计划完全一致，内容包括在减少森林砍伐率的同时，减少贫困的目标。

森林合作伙伴计划包括了对同意保护森林土地特定部分的土地所有者每公顷的直接经济补偿。这些保护协议是自愿的，并且会被定期监察。政府希望发展和保护目标的结合能直接惠及该国最贫困地区的农民和原住民。它可以解决当地社区的需求，增加气候变化缓和的效益，降低成本，实现大规模的保护。

八、结论

碳融资具备给致力于全球重要热带森林保护和恢复的社区与政府提供数十亿激励措施的潜质。然而，如果这些基于成效的报偿过于复杂或烦琐，那么可用于社区的实地激励政策的资金将会减少，从而无法抓住气候变化缓和的机会。国际上，政府必须同意制定有效政策和充分的激励措施，以利用森林缓和气候的价值。国家和地方政府必须明确政策选项，建立有效且透明的利益分享机制，并确保对社会和环境可持续发展优先事项进行最佳激励。必须在地方层面提高建立社区的能力，以明确它们想要的土地用途和林业计划。为了有效利用森林带来的大规模气候变化缓和的机会，社区必须建立公平而基于绩效的激励措施，以满足其发展需求。

只有借助明智的政策和谨慎的实施，完好栖息地的价值才能得到体现，并纳入全球经济引擎。在现有的许多缓和机制中，减少毁林和森林退化所致的排放或许是第一个重视自然栖息地保护的全球市场机制。如果这一机制能成功实施并得到充分资助，我们或许可以阻止气候恶化，可以避免一些由本地栖息地丧失甚至气候变化本身造成的物种灭绝。

九、参考文献

Archer，D.，2008. *The long thaw: How humans are changing the next 100, 000 years of Earth's climate.* Princeton, NJ: Princeton University Press.

Dodson，C. H.，and A. H. Gentry. 1991. Biological extinction in western Ecuador. *Annals of Missouri Botanical Garden* 78: 273-295.

Ewing，B.，S. Goldfinger，M. Wackernagel，M. Stechbart，S. Rizk，A. Reed，and J. Kitzes. 2008. *The ecological footprint atlas 2008.* Oakland，CA: Global Footprint Network.

Freile，J. F.，and T. Santander. 2005. Áreas importantes para la conservación de las aves en Ecuador. In BirdLife International y Conservation International. *Áreas Importantes para la conservación de las aves en los Andes Tropicales: Sitios prioritarios para la conservación de la biodiversidad.* （Serie de Conservación de BirdLife No.14）. Quito, Ecuador: Bird-Life International，283-470.

IPCC（Intergovernmental Panel on Climate Change）. 2007. Climate change 2007: Synthesis report. Contribution of Working Groups I, II, and III to the *Fourth Assessment Report* of the Intergovernmental Panel on Climate Change, ed. R. K. Pachauri and A. Reisinger. Geneva，Switz.: IPCC.

Keeling，C. D. 1978. The influence of Mauna Loa Observatory on the development of atmospheric CO_2 research. In *Mauna Loa Observatory: A 20th anniversary report*（National Oceanic and Atmospheric Administration special report, ed. J. Miller. Boulder，CO: NOAA Environmental Research Laboratories.

Myers，N.，R. A. Mittermeier，C. G. Mittermeier，G. A. B. da Fonseca，and J. Kent. 2000. Biodiversity hot-spots for conservation priorities. *Nature* 403（6772；February 24）：853-858.

Stern，N. 2007. *The economics of climate change：The Stern review*. Cambridge，Eng.：Cambridge University Press. www. hm-treasury.gov.uk/sternreview_index.htm

Valencia，R.，N. Pitman，S. León-Yánez，and P. M. Jorgensen，eds. 2000. Libro rojo de las plantas endémicas del Ecuador 2000. Quito，Ecuador：Herbario QCA，Pontificia Universidad Católica del Ecuador.

Wake，D. B.，and V. T. Vredenburg. 2008. Are we in the midst of the sixth mass extinction? A view from the world of amphibians. *Proceedings of the National Academy of Sciences* 105（supp. 1；August 12）：11466-11473.

第二节　范埃克森林——碳市场和森林可持续性的新经济范例

Laurie Wayburn

　　加利福尼亚州因具有传奇色彩的形象而闻名：时尚的电影明星、络绎不绝的车流、非凡的自然资源（红杉、海滩、塞拉山脉），还有开拓性的先进政治理念（特别是环境方面）以及其他特征。以下故事从三个方面讲述了加利福尼亚：创造历史的政治家、传奇的红杉林以及如何应对气候变化的强大环境政策（同样创造历史，并构成新的保护融资市场）。在这个过程中，它们也许在人类创造财富的无尽追求中，扭转了在加利福尼亚和其他地方造成森林破坏和枯竭的基本局面，从而给予森林恢复和可持续发展强大的动力。

一、介绍

　　加利福尼亚的沿海红木森林享有盛名。与世界上其他树种相比，它们长得更快、更大、更高，保持着按每英亩生物量测量的生产率的世界纪录（Fujimori，1977）。几千年来，这些森林屹立并生长着，似乎永不停息地吸收二氧化碳并呼出氧气，积累了树木和土壤中大量碳生物量，并塑造了一个不可替代的生态系统。树木的平均高度超过250英尺（有时超过350英尺），直径超过13英尺（有时超过25英尺）。这一非凡的天然森林财富同时激发了人们的敬畏之情与贪婪之意，从而引发矛盾与争议（Franklin and Waring，1979）。当欧洲人到达加利福尼亚时，一方面他们敬畏森林，另一方面他们渴望将林地改造为农业用地，从而将树木变成有用产品，他们挣扎于矛盾的情感之中。

　　不可避免的是，森林被砍伐，制成了数十亿英尺的木材。森林中的木质生物量和土壤中持有的数十亿吨二氧化碳，也在砍伐后的燃烧和将土地转变为农业用地的过程中释放出来。后来，数千英亩的土地被开发成城市中心和居民区。壮丽的森林变成了房屋、桥梁和铁路，并被开发成农场、城市、郊区等杂乱无序的地区。红木的抗火和抗虫性得到了广泛认可，导致森林砍伐量增加。红木木材成为全球市场销售的知名利基市场产品。森林的财富转变成了木材大亨和后继公司的财富。在 150 多年的历史中，已经存在数万年的大片森林景观变得破败不堪，人类和野生的森林社区在文化和政治景观中被分裂。

　　然而在整个时期，从森林到媒体，到法庭，关于这些标志性森林的保护和可持续性的斗争一直都在蔓延。1990 年的"红木夏日"（Redwood Summer）运动，大自然爱好者致力于挽救屹立着的剩余原始红木林，并与挥动电锯的伐木工人斗争。这些工人因害怕失去工作，展现出强烈情绪，站在了自然爱好者的对立面。在 21 世纪的头一个十年，树屋居民，如朱莉·巴特福莱（Julia Butterfly）住在一棵名为卢纳（Luna）的树中。巴特福莱试图阻止洪堡（Humboldt）和门多西诺（Mendocino）郡最后残留的几棵古老树木被砍伐。当她成为一个知名的发言人时，一名失业的伐木工人在夜深人静的时候攻击了卢纳。尽管躯干上有长达 19 英尺的伤口，这棵大树仍有着顽强的生命本能，依靠着树木栽培学者们自发的努力，以及重钢支架和张力杆得以存活。卢纳的命运成为关于红木林的一则寓言。

　　加利福尼亚州的红木林现有的数量不到曾经被砍伐木材量的 1/10。在过去十年的七年内，曾经的商业、休闲业、鲑鱼渔业，如今已经缩短乃至取消了旺季，目的在于保护库存。几种鲑鱼，包括银大麻哈鱼（*Oncorhynchus kisutch*）和大鳞大麻哈鱼（*Oncorhynchus tshawytscha*），现已列入《濒危物种法》（Endangered Species Act）。斑点猫头鹰、斑海雀和太平洋渔貂（*Pacific fisher*）都濒临灭绝，其他鱼类、野生动植物和红木生态系统原生植物也是如此。木材经济传统的盛衰周期多次影响了红木林，尤其是在最近的 20 世纪 60 年代和 90 年代的严重经济萧条。2008 年，由于森林管理实践的不可持续性，太平洋木材公司（Pacific Lumber Company）及其子公司（最后一家大型私人红木林所有者）最终破产。

　　伟大的生态学家雷蒙德·达斯曼（Dasmann，1965）在《加利福尼亚的毁灭》（*The Destruction of California*）中写道："我们并不能通过欣赏彼此的风景资源来创造财富，因此必须要砍树。"从历史上看，红杉提供着对所有人免费的生态系统服务：清洁的水、丰富的鱼类、野生动植物、休闲娱乐和灵感。如其他地方一样，在加利福尼亚，社会唯一知道的从中创造财富的方式就是树木砍伐及将森林用于其他用途。事实上，从新英格兰地区的草地到东南部的棉田，再到中西部的农业用地，加利福尼亚州的金矿区、果园和奶牛场，我们对曾经广袤森林的改造为美国的经济增长提供了动力。

　　森林改造还为抵制环境恶化提供了动力。在 20 世纪初期，人们为森林覆盖的新英格兰流域肆无忌惮的资源掠夺感到愕然，从而促使出台了一些限制资源管理的重要法律。不仅如此，这样的情况还促成了美国林务局的成立，其旨在成为关键资源土地的公共管理者。20 世纪初也见证了该国一些著名的国家公园的建立：约塞米蒂国家公园（1906 年）的建立在很大程度上阻止了壮丽的北美红杉（*Sequoia sempervirens*）和西黄松（*Pinus ponderosa*）森林的砍伐。从许多方面来说，这更明确地勾勒出了经济增长和环境保护间的战线：有效阻止森林大量毁灭的唯一方法是建立限制砍伐的新法律，从而限制近期的森林经济生产；或者不设立限制，完全通过建立公园和保护区来阻止，费用由公众承担。这一传统一直延续到现在，尽管是间接的，《濒危物种法》和《清洁水法》（Clean Water Act）等主要环境法律限制了砍伐，帮助保护了水源和栖息地的质量。虽然法律还批准确保森林中木材和纤维产品的未来供应，但很少有法律规范和限制私有林的砍伐，以确保生产生态系统服务或其他公共产品。

因此，尽管通过了保护国家和州公园的红杉以及限制和规范砍伐的环境法律，但似乎没有什么有效的方法能够阻止或逆转这一宏伟森林生态系统的持续枯竭。市场的力量，对现金流的需求，以及牺牲自然财富创造出的人类财富，已经成为决定经济衰荣的不可阻挡的强大力量。公共资金的小市场能够建立公园和保护区，加上监管的限制，一直无法改变这种由市场驱动的状态。这场战败似乎不可避免。

森林向木材的巨大财富转移也造成了其他后果。森林能够储存碳，反之，对森林的砍伐和改造将二氧化碳（主要的全球变暖气体）释放到大气中。森林损失和枯竭释放的二氧化碳占据了大气中所有净二氧化碳排放量的 40% 至 50%。目前，它们约占全球二氧化碳排放量的 20%（Fearnside，2000）。尽管红木林有着每英亩最大的碳储存量，但资源已经被人们消耗（Fujimori，1977）。随着红木林被砍伐，数千年积累的数十亿吨二氧化碳在短短 150 多年的时间里被转移回大气层。这一现象阐述了当前原始热带森林的损失是如何对气候稳定性造成如此严重的破坏。

气候变化带来的巨大风险终于得到全球的关注，促成了一项化解这些风险的国际条约的实施。《联合国气候变化框架公约》或《京都议定书》，号召通过融资市场的创立和使用以及其他一些手段，帮助解决气候变化危机。全球重点关注的一部分是加利福尼亚州的森林损失和枯竭，以及伴随的二氧化碳排放。通过《京都议定书》的政策手段，利用保护和恢复来扭转加利福尼亚州的森林损失和枯竭，正在成为应对气候变化的新兴全球市场的一部分。

建立合适的政策框架以应对加利福尼亚州的气候变化，为不断恶化的森林退化提供了可能的解决方案。全球碳市场提供了一种替代方法，可以从屹立的森林中创造出引人注目的财富，是对可持续林业和保护的辅助。为了证明这一点，我们可以参考在加利福尼亚州采用重要气候政策后的 12 个月内，人们通过碳减排量的售卖来管理州内影响气候效益的首批森林，除了可持续砍伐之外，还创造了数百万美元的新财政收益。

　　创立这种新典范需要卓越的领导力。加利福尼亚州州长阿诺德·施瓦辛格（Arnold Schwarzenegger）、美国众议院议长南希·佩洛西（Nancy Pelosi）、加利福尼亚州参议员拜伦·谢尔（Byron Sher）和其他人发展并帮助确保通过加利福尼亚州开拓性的气候变化法律。建立应对生态环境的理想模式还需要投资者、土地所有者和非营利组织的创业型前沿合作伙伴关系。范埃克森林与太平洋森林信托基金、自然资源资产管理公司（Natsource Asset Management Ltd.）的合作，很好地展现了这种伙伴关系。通过合作，它们创立了第一个具有较大商业规模的交易，开拓了一条新的道路，通过保存和管理良好的森林来核实碳排放量的减少。其他许多土地所有者现在正紧随其后。

二、范埃克森林

　　范埃克森林占地 2200 英亩，位于洪堡郡（Humboldt County）的阿克塔（Arcata）和尤里卡（Eureka）形成的不断增长的城市综合体的东面。范埃克森林被分为四个区域，周围是城市化和集约化管理的工业林。虽然以北美红杉为主，但它也包含了其他针叶树，主要是花旗松（*Pseudotsuga menziesii*）和巨云杉（*Picea sitchensis*）。自 19 世纪后期以来，森林一直因为木材而受到管理，从那时起每块土地上平均有三次砍伐。从历史上看，该地区平均每十年就会发生一次低强度的火灾，但在 20 世纪 90 年代森林被大量砍伐后，火灾就更为严重了。过去十年中，覆盖面积大甚至可以相对容易地扩散到邻近的土地上的广泛燃烧，逐渐被堆积焚烧取代，堆积焚烧因风险和成本相对较低受到人们偏爱。范埃克的一些土地也被大量烧毁以建立牧场，这一过程将部分森林永久转变为草原。上述管理行动大大减少了森林和土壤中的碳储量，并且还减少了可用木材的库存。

　　在依然保持高产的范埃克森林中，占主导地位的是二类（Site Class Ⅱ）土地，但也发现了一些一类（Site Class I）土地[①]。此处的红杉是北美大温带沿海雨林的一部分，该地区平均年降水量为 39.11 英寸，平均温度在 46.9～58.4℉（Brown et al., 1999）。该地产涵盖了若干溪流，为许多重要的陆地和水生物种提供赖以生存的潜在栖息地，其中许多物种正遭受威胁或濒临灭绝，包括北方斑点猫头鹰（*Strix occidentalis caurina*）、红腿蛙（*Rana aurora aurora*）、南方急流螈（*Rhyacotriton variegatus*）和鱼鹰（*Pandion haliaetus*）（Pacific Forest Trust，2001）。

　　1996 年，森林的所有者弗雷德·范埃克（Fred van Eck）与太平洋森林信托基金就如何更好保护这一管理良好的森林进行了讨论。范埃克是一家专注于硬资产

---

① 在加利福尼亚州，每个郡评估员根据森林生产木材的能力对林地生产区的生产力进行评级。共有五个类别用于表示木材生产力，Site Class I 表示木材生产率最高，Site Class V 类表示木材生产率最低。

（长期投资）的金融公司的负责人，他相信经济和环境回报之间存在可持续协同的关系。他一直在管理他的森林，以获得最高的长期可持续回报，并且非常注重恢复红木林库存，以提高木材的年产量。那时，他的土地平均每英亩能产生超过20 000 板英尺[①]的可销售木材，而邻近的土地平均每英亩产量不到7000 板英尺。尽管产量增加，范埃克知道他的库存只是森林天然拥有的一小部分，因此他计划进一步增大库存（表6.2）。

表 6.2　加利福尼亚范埃克森林的增长和产量概要（2005～2055 年）（单位：板英尺）

报告年	5 年周期	总量	每英亩量	每英亩年度增长	总年度增长	总年度收成	每英亩平均收成
2005	0	62 493 760	29 702				
2010	1	73 767 596	35 061	1 561	3 284 930	1 030 163	8 818
2015	2	83 629 130	39 748	1 501	3 159 015	1 186 708	9 031
2020	3	93 470 868	44 425	1 508	3 171 989	1 203 642	10 269
2025	4	101 216 586	48 107	1 462	3 075 536	1 526 392	11 797
2030	5	108 091 655	51 374	1 381	2 906 299	1 531 285	11 087
2035	6	114 087 354	54 224	1 440	3 030 653	1 831 513	13 650
2040	7	118 563 586	56 352	1 358	2 857 991	1 962 745	15 169
2045	8	123 466 413	58 682	1 412	2 970 897	1 990 331	14 411
2050	9	128 227 551	60 945	1 291	2 716 926	1 764 698	12 959
2055	10	131 317 724	62 413	1 302	2 738 923	2 120 888	16 391

资料来源：Pacific Forest Trust（2008）

注：范埃克森林的预计增长和产量说明了如何管理气候收益能够增加年度收成和木材（以及碳）库存。50 年来两者都增加了一倍多（所有数据以板英尺为单位）

　　他担心传统的工业林只能产生短期收入，并且以整体森林的生产力和长期更高的回报作为代价。他还认识到，由于该地区的扩张，经济发展正在侵蚀高产森林，包括他自己拥有的森林。相互竞争的发展价值观利用枯竭的林地带来了更多短期的回报，但也威胁到了森林的持久性。作为地产规划的一部分，范埃克想要确保他的森林不会成为这种命运的牺牲品。

　　太平洋森林信托基金成立于 1993 年，目标是保护生产性私有森林，以实现森林的所有公众利益，使命是协调生态需求和现实经济，以维持美国的森林，让它们能继续提供木材、水、野生动植物和均衡的气候。太平洋森林信托基金（PFT）在加利福尼亚州、俄勒冈州和华盛顿州经营区域土地信托。

[①] 1 个板英尺单位为 1 英尺（长）×1 英尺（宽）×1（英寸）厚。1 板英尺 = 2.35974×10^{-3} 米^3。

将范埃克森林恢复到更自然的碳储存水平已经恢复了北方斑点猫头鹰的栖息地，这种猫头鹰列于联邦濒危物种名单上。2008 年，美国鱼类和野生动植物管理局发布了一项涵盖森林的安全港协议，使计划的采伐管理活动得以继续，并提高了运营的确定性，因此基于同样的保护地役权，支撑了森林减少碳排放的因素

　　作为土地信托业务的一部分，PFT 开发了一种新形式的适用于工作森林（为经济生产而管理的森林）的保护地役权。这种新的工作森林保护地役权（working forest conservation easement，WFCE）在规定范围内体现了森林管理的目标。自 20 世纪 90 年代初以来，地役权文件一直在指导森林管理，其绩效目标是保持森林结构、组成和功能的长期稳定。WFCE 奖励土地所有者的森林保护和恢复，而非消耗它们，并确保森林的生态系统服务（从水质到野生动物，再到气候功能），在木材采伐或其他资源管理下得以维持。

　　因为 WFCE 将土地用于可持续生产且不允许开发，导致平均价值约为全部价值的一半。地役权评估包括了近期（20 至 40 年）舍弃和限制的木材砍伐，以及舍弃发展机会的净价值。在这些评估中，木材部分通常代表了土地大部分的总体经济估值。这种新的地役权为土地所有者提供了诱人的回报，否则他们会选择增加砍伐来实现短期经济回报。在之前只使用"永远野生"或"开放空间"地役权的背景下，WFCE 的概念是革命性的。

　　PFT 还是制定政策的开拓者。这些政策意识到了管理良好的森林的气候效益。该信托出版了几个有关该话题的出版物，并发布了介绍会，在同类组织中是第一个。范埃克意识到了这一点。该组织正致力于在加利福尼亚州和全国范围内制定新的自愿政策，使土地所有者能够利用 WFCE 从管理和保护森林中获得经济报偿，以取得长期的气候效益。PFT 已经计划向绿山能源公司（Green Mountain Energy）自愿出售碳减排信用额。在 2000 年和 2002 年，PFT 还与美国未来森林（Future Forests）协商通过了森林保护和管理的碳排放减少的售卖[①]。

---

① 未来森林，现在名为碳抵消公司（Carbon Neutral Company），是一家英国的碳减排信用经纪公司。

虽然相对规模较小，但是对于当时每年不到 500 万美元的全球碳市场来说，数万美元的碳排放减少销售量已经起到了重要作用。PFT 关于保护、气候和商业的政策引起了范埃克的兴趣。他认为这种方法或许符合他对长期经济和环境回报协同作用的信念。

使气候受益的管理将使范埃克森林恢复更自然的物种组成和复杂的森林结构。这里图示的大树桩是最初砍伐遗留下来的，并展示了未来通过管理培育的树木大小，其强调多个树桩的疏苗，以恢复天然森林的大小和间隔。管理层的目标是恢复平均每英亩 15 棵胸径超过 36″dbh（diameter at breast height，一种胸径单位）的树，每英亩 6 棵树胸径超过 48″dbh 的树。在最初砍伐之前，在范埃克森林中发现了超过 216″（18'）dbh 的树木

　　通过与 PFT 的合作，范埃克开始为他的森林制订一项保护计划，其中包括他所使用的森林管理实践的气候保护效益的具体认识。2001 年，他与 PFT 完成了 WFCE。PFT 接管了范埃克森林。根据地役权条款，土地将专门用于可持续管理的工作林。所有危及该目标的用途都会被禁止。每年 50% 的生长量被砍伐，直到每英亩储存量达到 70 000 板英尺，此时每十年可供销售的森林净存量不得超过 15%。地役权的目标是在森林中达到并保持每英亩至少 10 万板英尺的总库存量（SGS/SCS，2007）。这一数字不到该森林类型自然存在的一半，但它远远大于法律规定或集约管理的森林通常库存量（图 6.1）。

　　2008 年，每年收获的木材大约有一百万板英尺，主要是红木，还有冷杉和云杉。这一总量约为每年 300 万板英尺增长的 1/3。2007～2008 年的收成每英亩减少了 15 000 至 18 000 板英尺。范埃克森林实施的可持续林业，使木材（及相关碳储量）的基础库存能够继续复原。目前平均库存量在每英亩 35 000 至 40 000 板英尺之间。由于这种做法砍伐量少于每年生长量，可采伐木材的年产量正在增加。这一做法将会持续，直至达到最大的年度产量积累，或年度平均增量的顶点。

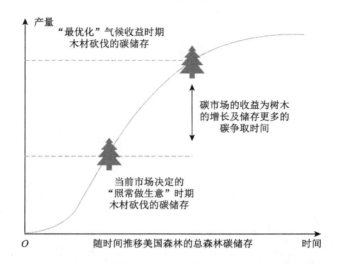

图 6.1　从初期到成熟期的森林增长模式及年度平均增长的结果

资料来源：Pacific Forest Trust（2008）

该图说明了从开始到成熟的森林生长模式，并展示了平均年增量峰值（culmination of mean annual increment，CMAI）的概念，其中，在成熟期，森林林分每年积累的生物量或碳最大。市场力量促使在森林林分的增长周期中尽可能早地砍伐。碳市场有可能延长森林生长时间，这样做会增加储碳的净库存。研究表明，CMAI 可以在太平洋森林类型中推广超过 200 年，包括沿海红木林（Carey and Curtis，1996）

　　这一特定保护地役权的关键目的是承认范埃克森林有助于实现《京都议定书》和加利福尼亚州气候变化政策的目标。2000 年和 2001 年，通过加利福尼亚州气候行动登记处（California Climate Action Registry，CCAR）1771 号参议院法案（Senate Bill），以及 812 号参议院法案（该法案修订了 CCAR 法规，允许林业部门加入登记处）来实施应对气候变化的志愿政策。范埃克地役权包含一项条款，证实所有者利用一种有助于应对气候变化的方式保护和管理森林的明确意向：地产保护价值（The Conservation Values of the Property）包括森林储存大气碳来缓解全球变暖的能力。《联合国气候变化框架公约》，《1992 年联邦能源政策法案》（the Federal Energy Policy Act of 1992）第 1605 节，以及美国气候挑战计划（United States Climate Challenge Program）都将地产保护价值视为公众利益（Pacific Forest Trust，2001）。

　　1771 号参议院法案是加利福尼亚州为应对气候变化而采取的第一项重大行动。它建立了一个私营公用机构 CCAR，旨在鼓励企业年度碳排放及其减少量的自愿登记。虽然严格意义上 CCAR 是一个非营利组织，但其董事会由州长任命，主席始终是该州的资源部长。该法案还提供了一种州支持的机制，通过这一项机制，整个经济领域的企业可以阐述它们是如何自愿减少有害温室气体排放的。此外，1771 号参议院法案还为企业提供了计算这些排放的标准化方法，这是任何监管制度减少排放的关键准备步骤。CCAR 的目标是在颁布管理法规之前，鼓励企业的早期行动。

812 号参议院法案修订了 CCAR，以便将森林部门的减排纳入其中。812 号参议院法案由 PFT 撰写并获得了参议员谢尔的支持，这一法案还阐述了减排项目的关键原则或规则，这些原则或规则必须基于法律要求外的行动。它们必须在原生森林类型中执行；收益必须是"永久的"（《京都议定书》定义为持续 100 年或更长时间），且符合条件的保护地役权必须对收益进行保障。该规则还批准了随时间推移持续净增加森林碳储量，以及避免毁林或能够重新造林的森林管理行动。这是全球首次认识到保护及管理现有森林的气候价值。

根据州和全球政策目标，在地役权中确立的气候效益，使范埃克森林成为实施碳排放减少的理想示范场所。早期加利福尼亚州实施的政策为新生的碳交易市场奠定了基础。虽然当时一些交易发生在美国，但市场需求还不足以使这些交易规模化，因此需要更强有力的政策措施来使碳市场具有实际的金融深度和稳健性。PFT 决心帮助制定这些政策，并确保其在被认可的碳减排战略中的重要地位。

三、成功的关键因素

PFT 铺设了两条平行的道路——一条是科学上的，另一条是政治上的，以充分发挥森林气候利益的金融潜力。事实证明，需要第三条道路来建立市场和公众对森林减排能力、可信度和可靠性的信心。

在科学上，范埃克森林管理实践产生的净气候效益必须用标准化且可复制的方法记录，需要极高的可靠性。基于森林减排量的可量化效益，需要与其他《京都议定书》明确的基于化石燃料的减排措施相配合。

在政治上，如果要采取广泛的重要行动来减少二氧化碳净排放量，加利福尼亚需要从自愿制度转变为监管合规制度，需要开展大量新闻媒体工作，以及一系列公开讨论和科学辩论来证明利用森林保护和管理方法造就永久性减排的可信度和可行性。

为了建立这种可信度，PFT 代表 CCAR 在 2003 年启动了一个流程，制定基于科学的协议，以进行森林减排量的清点、监测和核实。这些协议是根据加利福尼亚州资源局（California Resources Agency）、加利福尼亚州能源委员会（California Energy Commission）、CCAR 和 PFT 签署的一份协议备忘录颁布的。上述实体建立了一个系统，土地所有者通过该系统可以使用标准化协议来清点和记录其森林的气候效益，然后将这些效益登记在 CCAR 中。该协议记录了通过森林及基于化石燃料行动实现的二氧化碳减排的科学等效性。之后，这些碳减排效益将由客观的第三方州许可的核查者进行核实。经过土地所有者、林务员和其他公共利益相关者多年的努力，CCAR 最终于 2007 年 4 月批准了这些森林协议。

该体制的关键原则由法律定义（812 号参议院法案）。这些协议创立了详细的科学方法，用于清点、监测和核实项目中的碳收益。它们还向土地所有者、林务员和核查员提供指导，详细阐述了每个人必须采取哪些措施来开发和注册 CCAR 项目，并获得对其减排声明的州支持。CCAR 对森林协议（Forest Protocols）的批准，确立了森林减排项目实施的科学和方法进程。

然而，在 CCAR 进程下开展的减排项目仍然是自愿的行动，它们在法定系统中的价值尚未得到证明。此外，自愿碳市场依然相当缺乏活力。PFT 预见到买方将等待这样高度可信的减排，于是着手进行范埃克森林库存的注册以展示该项目的可行性。为了表示个人层面对这些减排项目的信心，一些著名的政策领导人选择亲自在范埃克森林购买减排量（包括州长施瓦辛格、议长佩洛西和加利福尼亚州环境保护局的局长和副局长）。他们对范埃克森林减排的支持有助于建立市场和公众信誉。

在另一条平行道路上，法律体系正在同时制定。2006 年 9 月，州长施瓦辛格签署了《全球变暖解决方案法案》（Global Warming Solutions Act）——第 32 号议会法案（Assembly Bill 32）。随着行政命令 S-3-05（其规定了 2010 年、2020 年和 2050 年的具体减排目标）和 32 号议会法案的通过，整体经济的排放上限被制定。这将有助于实现预期减排的一套市场机制（如限额与交易计划），并对这个体系予以补充。一旦法案全面实施，加利福尼亚州需要每年减少 1350 万吨的净排放量以符合 2050 年的目标，总计减少超过 5 亿吨的二氧化碳。32 号议会法案背后有着激烈的政治斗争，但最终它的支持者取得了胜利。加利福尼亚作为世界第六大经济体，为数百万吨的减排创造了一个新的市场。如果以现行的全球价格计算，每年的价值将达到数百万至数十亿美元。

虽然有所争议，但将森林纳入这项立法的努力仍旧取得了成功。一些人认为不应将森林纳入，他们担心这将为其他不减排的部门提供"借口"。其他人则担心所需的森林措施过于严格而无法遵循。最终 32 号议会法案意识到，保护森林和改善森林管理实践是减少二氧化碳排放的重要因素。法律还认可了 CCAR 与森林协议的合作，并鼓励负责实施 32 号议会法案的加利福尼亚州空气资源委员会（California Air Resources Board，CARB）在这项工作的基础上再接再厉。由于加利福尼亚州的开创性法律中包括森林，因而一个真正基于森林的碳减排市场开始出现。

32 号议会法案确定 2008 年至 2012 年为"早期行动"阶段之一。CARB 开始讨论那些早期的行动措施可能是什么。2007 年 10 月，第一项使用 CCAR 森林项目议定书的此类措施被采用。CCAR 森林是美国第一个严格的政府标准，适用于包含森林管理和避免森林砍伐的气候项目。它们确保森林管理和避免砍伐森林项目的减排是真实的、永久的、附加的及可核实的。

这些议定书的采用对一个强健市场的建立初期至关重要。因为这些早期行动措施将被视为正在制定的遵约制度下的限定性减排。凭借这种可信度，基于森林的碳排放减少，加利福尼亚州可以打入符合要求的新兴州内市场。鉴于该协议涵盖了与《京都议定书》所要求的减排目标相当的目标量，而 CCAR 协议要求对排放实施可执行的上限，加利福尼亚州森林部门的情况引起了全球投资者的兴趣。他们认为这个新兴市场可能会成为未来全球遵规的潜在载体（Point Carbon，2008），价值超过 600 亿美元。

2007 年 12 月，范埃克森林成为第一个注册 CCAR 作为碳减排项目的排放部门。在整个生命周期内，它将创造额外 50 万吨碳减排的净效益——超过现行工业管理能达到的量，或者在州森林实践法案（Forest Practice Act）下，达到由法定和平常的持续产量要求基线所界定的"通用做法基准"（common practice baseline）。几个购买者签订了项目减排合同，他们同意在交付经核实的减排量后支付费用。2008 年，根据加利福尼亚州能源委员会的规定，州许可的第三方完成了对这些减排的核查。因此，范埃克森林是第一个在严格的测试和检查过程中核实其减排量的林区（图 6.2）。

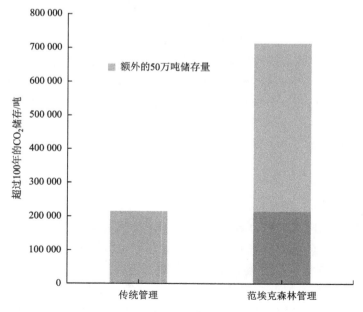

图 6.2　传统管理 VS 范埃克森林管理的碳储存比较

资料来源：Pacific Forest Trust（2008）

通过在其保护林地中的可持续森林管理，范埃克森林在该项目的 100 年寿命期内实现了 500 000 吨二氧化碳的净减排量。在此时间范围内首先预测减排量，然后每年进行一次测量并每隔一年进行一次检验。根据 CCAR 规定，只有在验证完成后才能要求减排，从而确保一旦发生效益，就能实际实现。

2008 年 2 月，自然资源资产管理公司首次进行了核证减排量（CER）[①]的商业售卖和交付。他们购买了 6 万吨 CER，这一举动具有里程碑意义。自然资源资产管理公司是全球排放和可再生能源资产的领导者，它以一个全球基金的名义进行了投资。这是自然资源首次对美国 CER 进行的投资。在购买范埃克森林 CER 之前，该公司的气候投资全部来自遵守《京都议定书》的国家，或者是在符合《京都议定书》的全球碳市场，在《京都议定书》批准下的减排项目。值得注意的是，在撰写本节时，美国国会未能通过《京都议定书》，因此在美国实现的减排并不被该协议认可。

自然资源资产管理公司对范埃克森林的购买，也是它在世界范围内对森林减排进行的首次投资。加利福尼亚州计划的完整性、安全性和质量让自然资源资产管理公司为投资范埃克森林 CER 而感到放心。正如自然资源资产管理公司首席执行官杰克·科让（Jack Cogen）所说的："目前为止，森林碳封存一直是应对气候变化努力一项尚未开发的资产。该交易表明，当采用严格且明确的规则时，这些投资可以降低合规客户的成本，并提供诱人的投资机会。"（Right，2008）

在 CARB 采用森林协议后的头 12 个月，范埃克森林售卖了超过 100 万美元的 CER。在同一时期，可持续木材采伐的销售额超过 60 万美元。由于 2008 年木材价格大幅下跌，因此 CER 售卖收益的多样化是一个重要的稳定的收益来源。总体而言，这一额外的收益来源使该地产净资产价值每英亩增加了约 2000 美元。

此后，其他一些投资者纷纷效仿，买家范围从商业汽车公司到制造商再到其他投资公司。一些买家还承诺会在未来购买范埃克森林 CER，这表明这种新森林产品的未来收益较高、稳健且可靠。

四、结论

在新兴且现已迅速发展的美国森林 CER 碳排放市场中，范埃克森林项目无疑是第一个，但它不会是最后一个。仅 PFT 就帮助其他三个土地所有者在 2008 年底前列出了具体项目。项目的范围从拥有数百英亩土地的家庭森林所有者，到拥有数万英亩土地的大型木材投资管理组织（Timber Investment Management Organization，TIMO）。CCAR 正在探索将方法输出到其他州和国家的途径，现在

---

① CER 也称为经过验证的碳减排量和减碳量。

正逐步形成两个衍生物：气候行动保护区（Climate Action Reserve）和国家气候登记处（National Climate Registry）。这些是非营利组织，2008 年 8 月其成员包括美国 43 个州和 4 个主权美洲原住民部落，加拿大的 12 个省和墨西哥的 6 个州。气候行动保护区旨在作为国家气候登记处的支持系统，用于支持已登记的减排计划的标准化项目。

加利福尼亚州于 2008 年加入了西部气候行动（Western Climate Initiative，WCI）。WCI 横跨 7 个西部州和 4 个加拿大省份，致力于建立一个广泛的区域市场，采用统一的方法减少二氧化碳和其他温室气体的排放。根据 CARB 修改的森林协议建立的减排规则，极有可能成为在整个 WCI 中制定等效措施的基础。

此外，全国其他各州，从宾夕法尼亚州到佐治亚州，再到华盛顿州，正在研究如何将这种方法在各自的情景下加以应用。最后，随着美国更新联邦关于应对气候变化的讨论，范埃克森林项目及其背后系统的影响将成为讨论解决方案的基石。2008 年 5 月，美国农业、营养和林业参议院委员会（U.S. Senate Committee on Agriculture，Nutrition，and Forestry）仔细考虑了 PFT 主席的建议，以范埃克森林项目为例，研究如何有效地减少森林碳排放并在市场上取得成功（Pacific Forest Trust，2008）。

保护和气候相结合所创造的新收益流在加利福尼亚创造了新的历史，产生的影响远远超出了这个州的边界。它是一种全球模式，在未来几年其功能将在市场和森林中继续得到体现。

五、参考文献

Brown，P. M.，M. W. Kaye，and D. Buckley. 1999. Fire history in Douglas-fir and coast redwood forests at Point Reyes National Seashore，California. *Northwest Science* 73（3）：205-216.

Carey，A. B.，and R. O. Curtis. 1996. Conservation of biodiversity: A useful paradigm for forest ecosys-tem management. *Wildlife Society Bulletin* 24（4）：610-620.

Dasmann，R. F. 1965. *The destruction of California*. New York：Macmillan.

Fearnside，P. M. 2000. Global warming and tropical land-use change：Greenhouse gas emissions from biomass burning，decomposition and soils in forest conversion，shifting cultivation and secondary vegetation. *Climatic Change* 46（1-2）：115-158.

Franklin，J. F.，and R. H. Waring，1979. Evergreen coniferous forests of the Pacific Northwest. *Science* 204（4400）：1380-1386.

Fujimori，T. 1977. Stem biomass and structure of a mature *Sequoia sempervirens* stand on the Pacific coast of northern California. *Journal of Japanese Forestry Society* 59：435-441.

Pacific Forest Trust. 2001. Pacific Forest Trust Van Eck conservation easement internal document.

——. 2008. Laurie Wayburn testifies before Congress about forests and climate. News and Events. www.pacificforest. org/news/media.html

Point Carbon. 2008. Carbon 2008：Post-2012 is now，eds. K. Røine，E. Tvinnereim，and H. Hasselk-nippe. www. pointcarbon.com/research/carbonmarketresearch/analyst/1.912721

Right，T. 2008. Maybe money can grow on trees. *Wall Street Journal*（February 11）.

SGS/SCS. 2007. Initial verification of California Climate Action Registry conservation-based for-est management project for the Van Eck Forest Foundation. https://www.climateregistry.org/CarrotDocs/260/2004/van_Eck_Forest_CCAR_ Report_FINAL_vsent.pdf

第七章 非碳生态系统服务

尽管碳市场可能很大，但对于西半球生态系统和土地保护的影响而言，非碳相关生态系统服务项目的市场可能与它们不相上下——这些计划替代了丢失的基本生态系统服务，如借助土地开发或流域改造。典范项目已经提供了这样的生态系统服务。这些项目修复湿地，重建生物多样性栖息地，保护水质和水量，以及降低威胁农业生产力和大型水力发电系统可行性的土壤侵蚀程度。

当然，没有一个生态系统服务市场能从完全形成的以太网中产生，以满足人类和其他自然世界的需求。每一个市场都需要多年的创造力和具备丰富的多学科知识的企业家。列举一个案例，充满活力的湿地修复市场的出现，是州环境机构和美国陆军工程兵团（U.S. Army Corps of Engineers）作为"政策企业家"（policy entrepreneurs）努力的成果。这些创新者是建立生态系统服务市场运作的监管结构的关键角色。正如香农·梅耶尔（Shannon Meyer）在她关于迪斯默尔沼泽的介绍中所描述的那样，商业企业家（business entrepreneurs），如生态系统投资合作伙伴（Ecosystem Investment Partners）的尼克·迪尔克思（Nick Dilks）和弗雷达·丹福思（Fred Danforth），不得不一次又一次地提高专业知识并筹集资金，让项目充满活力。

同样，梅耶尔在第二节中所描述的哥斯达黎加生态系统服务市场的诞生，需要政府官员、多边贷款机构的代表和小农的持续合作，他们都愿意参与一个开拓性的项目，其中农民因为不砍伐树木而获得报酬。此外，这个项目让社会企业家为非政府组织工作，如森林趋势（Forest Trends）——卡通巴集团生态系统市场（Katoomba Group's Ecosystem Marketplace）的主要赞助商在全球传播知识，从而在肯尼亚和巴拿马运河这样不同的地方，复制并完善哥斯达黎加的生态系统服务支付的尝试。

正是因为这些积极行动者（activists）和学术企业家（academic entrepreneurs），包括智利南方大学的安东尼奥·罗拉和斯坦福大学的格雷琴日报（Gretchen Daily），继续建立市场的热情才能得以持续，以应对我们在 21 世纪初面临的巨大保护挑战。

第一节 生态系统服务市场和迪斯默尔沼泽的回收

Shannon Meyer

迪斯默尔沼泽最初涵盖了弗吉尼亚州东南部和北卡罗来纳州东北部近 100 万英亩

的土地。1763 年，乔治·华盛顿宣称这些青翠的湿地是没用的荒地，迫切需要改造。作为新国家首批地产开发商之一，华盛顿成立了迪斯默尔沼泽土地（Dismal Swamp Land）公司，唯一目的是抛弃并放干沼泽，用于农业和木材采伐。在接下来的三个世纪中，这种采掘性方法一直持续到沼泽的天然原貌无法辨认。

　　然而，随着美国民众环保意识的增强，土地管理者开始以新的眼光看待沼泽的未来。在美国第一任企业家总统发现荒地并为之震惊的地方，一群现代地产投资者看到了利用资本化运作使沼泽恢复原状的机会。生态系统投资合作伙伴（Ecosystem Investment Partners，EIP）是众多私人投资者中的一员，是美国资本化不断增长的生态系统服务市场的行动先锋。

一、生态系统服务和浮现的市场

　　直到最近，世界经济体系几乎对地球提供的服务没有赋予任何价值。地球重要的生命支持活动被视为理所当然，直至受到干扰或威胁。地球的自然功能被称为生态系统服务（ecosystem services），其中包括了各种各样的过程，自然生态系统及其物种通过这些过程，有助于维持并充实人类的生命。这些服务包括净化水和空气，减少旱涝灾害，分解废弃物，调节气候，维持生物多样性等。

　　在地方和区域层面，人们逐渐认识到这些服务的价值。这些认识在土地使用决策中促成了重要的成果。越来越明显的是，在科学知识、经济学和监管实施重合的地方，功能性生态系统提供的服务就算不是毫无可能，也很难复制。例如，在 20 世纪 90 年代，纽约市的规划者发现通过投资 15 亿美元对北部流域的土地进行保护，可以避免在新的水处理厂上花费 60 亿美元至 80 亿美元，生态系统服务可以自然净化城市的水资源（Stapleton，1997）。

　　自 21 世纪初以来，生态系统服务市场的概念日益风行。虽然全球范围内对生态系统服务的讨论通常仍然是理论上的，但是对国家、地区和地方政府来说，许多生态系统市场发展迅猛。现在市场上存在一系列的生态系统服务，包括控制温室气体，提供清洁水，保护受威胁物种，避免破坏森林和流域功能以及修复河岸。例如，欧盟排放交易系统现在每年交易数十亿美元的碳信用额度，而美国芝加哥气候交易所（Chicago Climate Exchange）则运营规模较小。

　　美国的联邦环境监管结构为湿地、溪流和野生动植物的补偿银行产业创造了市场，以抵消不可避免的开发的影响。一些拉丁美洲国家正尝试为森林和流域提供生态系统服务，计划向土地所有者付费。生态系统服务的销售与其他形式的环境监管不同，它们要求具有科学且可核实的绩效单位。为了生态系统服务的营销，必须量化提供的服务量。

　　美国通过州和联邦环境监管体制，为其他生态系统服务建立了市场，如清洁水、干净的空气和物种栖息地。这些体制要求污染者减轻难以避免的开发影响。例如，如果开发商需要横穿受《清洁水法》保护的湿地以建设公路，它们必须购买湿地补偿银行为其他已经修复或保存的湿地提供的信用额来抵消这种损失。

迪斯默尔沼泽项目体现了投资者创新结合各种保护激励措施的方式，包括监管驱动的补偿计划和私营部门融资，我们将在此阐述几个案例。

（一）美国《清洁水法》和湿地缓解

湿地是复杂的生态系统，可以提供多种生态效益。它们可以改善水质、减少干旱、提供自然防洪、补给地下水蓄水层和稳定海岸线。它们为动植物提供重要栖息地，并能够帮助、支持商业性渔业。美国的湿地保护受到了 1997 年《联邦水污染控制法》（Federal Water Pollution Control Act）修正案的约束。该法案被称为《清洁水法》。该修正案致力于"修复并维持国家水域的化学、物理和生物完整性"（Wetlands and Watershed Management Act of 1997，33 U.S. Code §1251 et seq.）。《清洁水法》第 404 条规定，疏浚或填充水道（包括 1997 年以后的湿地）需要通过许可。希望得到许可证的实体必须证明已采取以下措施：①采取措施避免湿地受到影响；②最小化对湿地的潜在影响；③如有必要，对任何残留且不可避免的影响提供补偿（Federal Water Pollution Control Act of 1948，33 U.S.C. 1344，Sec 404）。

如果影响不可避免，那么必须提供"补偿减缓"，这意味着必须修复、建立、改进，或在某些情况下保护其他湿地以补偿对自然湿地的破坏。减缓可以由想要得到许可的一方或第三方完成。这样的减缓可能在实地发生——修复、改善、建立或保存受影响或邻近的湿地，或者可以在场外购买补偿银行的信贷（National Research Council，2001，2）。

负责执行《清洁水法》的美国陆军工程兵团起初偏向现场补偿（如建造人工湿地替代提供雨水管理服务的天然湿地）。然而随着时间的推移，许多研究表明，当天然湿地遭到破坏时，现场补偿通常无法完全弥补资源功能的丧失。最终美国陆军工程兵团逐渐偏向通过经认证创建了湿地银行的第三方进行补偿。如今补偿银行是湿地补偿中最常见的形式（Ruhl et al.，2005，26）。

湿地银行是一个合法建立的实体，拥有已得到修复、建立、改善或保护的湿地、溪流或其他水生资源来弥补对其他地方湿地的影响（U.S. Environmental Protection Agency，2007）。私营公司、非营利组织或政府机构，可以借助与监管机构的正式协议来建立补偿银行。一个银行的价值根据创立的补偿信贷界定。第三方补偿的一个好处是，许可证持有者可以将债务转移给第三方，补偿通常由具备比许可证持有者或开发者更多修复经验的实体完成。1992 年至 2005 年间，营利及非营利组织拥有的经批准的补偿银行数量增加了 376%（Ecosystem Marketplace，2008）。2007 年，美国每年的湿地补偿市场价值达到 10 亿美元（Bishop et al.，2008）。

（二）《濒危物种法》和保护银行

1973 年《濒危物种法》第 9（a）（1）条禁止破坏在美国通过直接破坏或通过栖息地破坏而被确定为受到威胁或濒危的物种。保护银行是一种减轻发展对濒危物种栖息地影响的自由市场机制。当拟定的开发难以避免对物种或其栖息地造成伤害时，项目支持者必须减轻这些影响。通常可以借助现场补偿或保护银行来减缓影响。当为濒临灭绝或受到威胁的物种建立保护银行时，银行所有者可创立所谓的栖息地押金并得到信用额度。然后这些信用额度可出售给开发影响同一物种栖息地的土地所有者。

保护银行向投资者提供大量的回报。例如，在加利福尼亚州一种濒临灭绝的果蝇栖息地的信贷，目前每英亩售价约为 25 000 美元（Flaccus，2007）。目前美国拥有 100 多个物种补偿银行，总计每年交易近 3.7 亿美元的补偿信贷。其他国家也逐渐意识到了这种模式的成功，并加以效仿。澳大利亚的一些生物多样性银行已经萌生了一项全国性计划（Carroll，2008）。在婆罗洲岛上，马来西亚沙巴州政府和私人资产管理公司"新森林"（New Forests）签署了一项协议以保护34 000 公顷（84 000 英亩）的雨林，为猩猩和其他濒危物种提供栖息地。"新森林"将修复和保护森林，希望通过出售生物多样性信贷给棕榈油开发商、能源公司和在环境可持续产品利基市场工作的其他企业来回收投资（Butler，2007）。

（三）限额交易体系和洁净空气法案的酸雨计划

虽然银行业体系为特定资源的替代分配了费用，但限额与交易模式分配释放了一定数量特定污染物的费用（即排放一定量污染物权利的价格）。限额与交易计划通过"点源"（point sources）（借助可精确定位的烟囱或水管释放污染物，如工厂、发电厂和废水处理厂）以及"非点源"（nonpoint sources）（分散的来源，如农场或郊区草坪，可能从多个可识别的位置排出污染物）来控制废气和污水的排放。在限额与交易体系中，监管机构对特定污染者（如一些电力公司）可能释放的排放量设定法定限额。通过准许这些潜在的污染者在有组织的市场（如芝加哥气候交易所）中，在监管机构规定的限度内交易，依靠市场的力量来遏制有害污染。

这个上限通常设定为低于体系建立时规定排放量的限制水平。低于上限的排放被分发单独的许可证，这些许可证累计等于污染物可能排放的总量。由于上限是限制性的，因此它为在排放群体内交易的许可额度创造了价值。市场力量鼓励有效减少排放量的排放者将其剩余信用额度出售给污染者。这些污染者减少排放的方法效率较低，成本较高。

限额与交易体系侧重于实现可量化的目标，而不是试图制定减少污染的方法。该模式赋予市场将污染减排转化为可售卖资产的能力，从而为环境有益的绩效创造实质的经济利益。然后市场促使技术创新机构将污染降低至或低于所需水平（Mathers and Manion，2005）。

美国环境保护局通过修订1973年《清洁空气法》，于1990年建立酸雨计划，是美国在使用限额与交易模型的财务和环境方面的成功案例。该计划限制了一些污染者（主要是燃煤发电厂）每年可能排放的二氧化硫（SO_2）量，并给排放者分配了一定的"污染权"（以相当于一吨二氧化硫排放的单位）。这是根据每个工厂的历史二氧化硫排放量分配的。未使用的配额可以出售、交易或存储以备将来使用。配额不足的污染者可能会在自由市场上购买更多额度。目前消除二氧化硫排放的成本为平均每吨150美元至200美元。由于这一交易体系获得了成功，美国比预期更快实现了授权立法所要求的目标（Environmental Defense Fund，2007）。

上述每一个计划都显示出了保护特定资源或减少目标污染物的前景。然而显而易见的是，单个生态系统与许多资源流和生态系统服务相关联。例如，湿地可以提供野生动物栖息地，进行废水净化和雨水管理。仅通过关注地产的一个方面，试图估量某一部分的价值，可能会大大低估其价值。

（四）保护直接支付

市场一次性保护许多生态系统服务更直接的方式，是支付特定地块或景观的保护费用，可以通过政府土地收购、保护地役权付费和直接付费来保护一块土地的生态系统功能。几个世纪以来，各级政府实体都借助土地收购用于保护和其他目的。收购保护公共用途所需的所有土地将是极其昂贵的，但幸好存在不需要获得所有权就能保护土地的其他机制。在美国、澳大利亚、加拿大及其他越来越多的国家，这一机制是保护地役权，是对地产的永久契约限制，以保护其生态和开放空间价值。保护地役权总体限制了发展和其他有害的用途，同时经常准许保留其他的用途，如狩猎、休闲和农业。

生态系统服务支付体系给政府或公司提供了另一种方法，即在没有法律保护地役权体系的情况下向土地所有者付费，以保护土地的生态功能。自哥斯达黎加于20世纪90年代末开始其里程碑式的计划以来，在拉丁美洲这些计划数量成倍增长。美国农业部的土地保育计划（Conservation Reserve Program，CRP）的运作原理与许多环境服务付费计划相同,并且每年保护的土地比其他任何计划都要多。CRP 向农民和牧场主付款,以减少湖泊和溪流中的土壤侵蚀和沉积,改善水质,建立野生动物栖息地,改善森林和湿地资源。

以下生态系统投资伙伴参与迪斯默尔沼泽恢复的案例研究表明,一种创新方式——资本化多种资源和价值流的企业家方法,可以更好地估量特定地产的总经济价值。通过几个价值流的结合,精明的投资者领会到了如何调整投资回报与受损生态系统修复。

二、有效的私人生态系统服务市场：迪斯默尔沼泽

(一) 历史

在 18 世纪中期之前,迪斯默尔沼泽拥有独特的图普罗博德柏树（Tupelo-bald cypress）和大西洋扁柏森林。早在乔治·华盛顿到来之前,殖民者和奴隶就冒险进入沼泽地,砍伐这些树木用于屋顶板、木板和其他产品。在沼泽中发现了 200 多种鸟类,其中包括两种南方物种——斯氏森莺（Swainson's warbler）和韦恩莺（Wayne's warbler）（黑喉绿林莺的种族）,相比起其他沿海地区,这两个物种更常见于迪斯默尔沼泽。沼泽地成为各种哺乳动物的庇护所,包括水獭、蝙蝠、浣熊、水貂、灰狐狸、红狐狸、灰松鼠、白尾鹿、熊和山猫。

迪斯默尔沼泽土地公司最初收购土地用于农业。让土地最终适用于作物生产的运河准备工作至少需要十年。一旦运河完工,野生沼泽就会迅速从自然运转的生态系统转变为商业木材地和行栽作物农地。三个世纪以来,农业、商业和住宅的发展破坏了自然系统,直到只剩下极小一部分原始沼泽地。木材砍伐几乎清除了原生的大西洋扁柏林和图普罗博德柏树林,而相关的道路和运河建设逐步破坏了复杂的水文条件。到 1950 年,地产上仍然没有原始木材。较干燥的沼泽和野火抑制,导致整个沼泽地的植物和动物多样性大大降低（U.S. Fish and Wildlife Service,2008）。

在归属一系列房地产开发商、农民和木材公司之后,沼泽的命运终于开始发生变化。1973 年,当时美国历史上最大规模的企业保护土地捐赠,联盟营地木材公司（Union Camp Timber Corporation）向大自然保护协会（TNC）捐赠了49 100 英亩的核心沼泽地区。随后 TNC 将土地转让给了美国鱼类和野生动植物管理局,以建立迪斯默尔沼泽国家野生动物保护区（Great Dismal Swamp National Wildlife Refuge）。在接下来的几十年里,公共和私人保护兴趣的广泛联盟成功为保护区增加了超过 60 000 英亩的面积,使其总面积达到 111 000 英亩,但这也仅为沼泽原始面积的一小部分。

整个保护区的努力工作已经恢复了该地产大部分的自然水文，并开始引回许多本土物种。然而一块占地 1037 英亩、未受保护的私有土地仍然在保护区的收购范围内。由于保护区三面包围了这块土地，获得该地产所有权是美国鱼类和野生动植物管理局、弗吉尼亚州和保护团体的最高优先事项（Ecosystem Investment Partners，2007）。由于缺乏资金以及该地区不断增长的房地产价格，试图购买最后一块"拼图"的尝试一再遭到挫败。随着生态系统投资合作伙伴的到来，生态系统服务的新兴市场和弗吉尼亚州沼泽退化土地保护得以交织、融合。

蒙德湖，迪斯默尔沼泽
Lake Drummond，Great Dismal Swamp

（二）迪斯默尔沼泽项目

弗雷达·丹佛斯于 2006 年创立了生态系统投资伙伴（Ecosystem Investment Partners，EIP），并招募了亚当·戴维斯（Adam Davis）和尼古拉斯·迪尔克斯（Nicholas Dilks）。他们中每个人都代表了新兴生态系统服务产业的三个组成部分之一：商业、地产和保护。戴维斯是索拉诺合作伙伴公司（Solano Partners Inc）的总裁，该公司是一家专注于环境投资和保护融资的咨询公司。戴维斯还是生态系统市场网站（Ecosystem Marketplace Web site）的共同创始人，提供了保护市场机制和财务激励相关的全球信息服务。而职业环境保护者迪尔克斯曾就职于大自然保护协会、宾夕法尼亚州自然土地信托基金会（Natural Lands Trust in Pennsylvania）、马里兰州环境信托（Maryland Environmental Trust）基金和自然保护基金。

丹佛斯于 1986 年在波士顿与他人共同创办了私人股权公司——资本资源伙伴（Capital Resource Partners，CRP），作为合伙人，他成功筹集了近 10 亿美元的私募股权投资。于 2002 年他从 CRP 退休，成为蒙大拿州布莱克富特谷（Montana's Blackfoot Valley）的保护买家，在那里他领导了春溪和冷水流（spring creek and cold-water stream）的恢复工作，因此能够为丰富的物种提供极佳的栖息地，包括濒临灭绝的欧鳟。这一段经历让他对私人投资保护的潜力产生了浓厚的兴趣，并在蒙大拿州创建了第一家保护银行。

　　EIP 处于保护投资重要趋势的最前沿。它将生态重要土地提供的关键服务及这些服务的新市场变为现实。EIP 的投资策略侧重于实现保护和财务收益的双重底线。它通过收购需要修复的大型地产为投资者创造价值，然后借助补偿和保护银行等市场机制，对地产进行积极管理，以创造并变现环境价值。投资者还可以开发这些地产的木材、农业和房地产属性，这并不会与总体保护目标相冲突。

　　EIP 的负责人赞同环境保护和恢复活动可以与经济发展及投资者收益相兼容。根据戴维斯的说法，"从私有地产的保护和恢复行动中获得投资回报，是推动大规模保护生态系统和工作景观的必要条件"。他还指出，"人们逐渐意识到生态资产的经济价值及其日益凸显的稀缺性，是影响金融价值的根本驱动因素"（私下交流，2009 年）。正如爱丽丝·肯尼（Alice Kenny）所说的，"土地受到保护不仅是道德价值观的体现，还因为它提供了可量化的服务"（Kenny，2007）。EIP 首次对迪斯默尔沼泽项目进行投资之后，又在特拉华州和路易斯安那州进行了两次额外的投资。

　　EIP 为迪斯默尔沼泽地产提供的第一轮资本，一部分由位于新罕布什尔州汉诺威（Hanover，New Hampshire）的私募股权投资公司莱姆木材公司（Lyme Timber Company）提供。该公司率先提出了经济获利的保护项目想法。莱姆木材公司历来主要关注林地投资项目，在具有高保护价值的大型木材地块收购方面占据一席之地，从而将保护和投资资金推上台面。在某些情况下，它能够向国家机构出售保护地役权，准许可持续的木材采伐以及公共消遣，从而降低了投资者的地产费用。在 21 世纪的第一个十年，这一保护投资创新者开始察觉包括生态系统服务市场的项目中的投资机会。因此，在 2006 年，莱姆木材公司决定将一部分资金投入 EIP 以实施上述项目。

　　意识到资本对保护区的重要性，迪斯默尔沼泽地产的前主人向自然保护基金询问这块土地在自由市场上出现之前的收购情况。自然保护基金联系了新成立的 EIP，该公司与其合作伙伴莱姆木材公司筹集了收购地产所需的资金。EIP 所开发地产的主要收益流来自湿地补偿。

（三）价值组分

　　EIP 将修复并保护已沦为农田的 697 英亩原湿地。该地区对湿地补偿的需求受到弗吉尼亚海滩（Virginia Beach）、切萨皮克（Chesapeake）和弗吉尼亚州诺福克（Norfolk，Virginia）市内的大都市区及其周边商业、住宅开发以及道路建设的推动。EIP 在差不多 60 英亩的土地上建立了多佛农场补偿银行（Dover Farm Mitigation Bank）。这个湿地补偿银行已经产生了 747 个湿地信用额度。截至 2009 年 3 月，该银行所有 112 个预售的信用额，已被出售供汉普顿路行政机场（Hampton Roads Executive Airport）项目使用（Dilks，私下交流，2009 年）。补偿银行所涵盖的区域遵从一项保护地役权，该保护地役权已捐赠给了大自然保护协会。

在收购地产之前，EIP 进行了严格的审查，以明确各种生态系统服务市场的财务估算是否准确。在这次审查中，他们发现在过去三年中，中小型建筑项目平均每年需要 50 个小规模信贷。EIP 预计在收购后的五年内，这样的需求可能会增加 50%。他们还预测，公路基础设施项目（如道路、机场和输电线路）将产生额外的大型项目需求。收购时，在接下来的三到五年内，计划需要完成总补偿面积达到 370 英亩的三个大型项目。

由于该地区只有另外一个湿地补偿银行可以获得信贷，EIP 在市场份额上具备很大优势。EIP 估计在四年内，仅零售需求就会消耗流域内现有的信贷供应量，并且计划阶段的任何一个大型项目都将耗尽这一供应。这将在短期内造成更高的需求。收购时，该地区湿地信用额度的近似值在每英亩 12 000 美元至 15 000 美元之间，然而这一数值预计会随着需求的增加而增长（Ecosystem Investment Partners，2007）。

由于该地产位于迪斯默尔沼泽国家野生动物保护区的收购范围内，该地产的收购是美国鱼类和野生动植物管理局的重中之重。投资期结束时，在借助各种补偿体系和保护地役权修复土地后，EIP 希望将土地出售给保护区。EIP 将与美国鱼类和野生动植物管理局合作，资助各类保护项目。根据这一策略，保护区能得到彻底恢复的地产，与原本必须支付的未恢复地块相比，可以获得相当大的优惠。

该地产的其他收益来源目前都处在积极状态，或将来有着良好的态势（表 7.1）。在修复活动开始之前，EIP 将继续出租该地产的农田用于玉米和大豆生产。鹌鹑、水禽、鹿和熊的休闲狩猎租赁也创造了收益。弗吉尼亚正在建立一个限额与交易系统，以减少切萨皮克湾（Chesapeake Bay）流域每日最大的营养物负荷。根据最终在国家水质机构批准该系统时制定的规则，当农田被修复为森林湿地时，或许 EIP 会获得水质改善的信用额度。然后这些信贷可以像湿地补偿信贷一样，出售给需要抵消产出营养物的实体。新兴的碳封存市场也可能以这样一种方式发展，即 EIP 的森林恢复和保护工作能产生可销售的二氧化碳信用额（Ecosystem Investment Partners，2007）。

表 7.1　迪斯默尔沼泽项目的预计收益流

来源		收益流/美元
主要来源	场地外缓解	2 970 000
	湿地缓解银行	6 436 000
	保护出售	4 000 000
总额		13 406 000
次要来源	可持续农业（2 年）	50 000
	休闲娱乐类租赁（10 年）	50 000
	水质交易	未知
	碳扣押	400 000
总额		≥500 000
总计		≥13 906 000

资料来源：Dilks 私下交流（2008 年）

三、结论

21 世纪头一个十年的环境意识和自然世界状态，使我们无法再将良好运作的生态系统带来的好处视为理所当然。我们现在确实明白了这种生态系统服务对整个地球的物质和经济而言至关重要。随着时间的推移，环境决策者已经学会如何利用市场来评估这些服务，并达成特定的环境目标。生态系统投资伙伴以创业的方式，正在将基于市场的迪斯默尔沼泽的修复和保护提升到一个新的水平，创造性地使用多种市场和投资方法，来界定生态系统的环境价值并为保护建立激励措施。

迪斯默尔沼泽项目展现了生态系统服务金融市场的创立如何为保护领域带来新的一批参与者。由于在经济上有着合理性，它不仅可以保护土地免遭过度开发，还可以真正修复退化的土地。随着像 EIP 这样团队的出现，保护利益不再仅仅依靠寻求政府和慷慨的慈善捐赠者资助的传统模式来保护重要的生态土地。案例表明，像 EIP 这样的团体需要借助新兴机会，利用现有的和发展中的经济手段来达成保护目标。如果 EIP 或类似的团队没有为了补偿市场和利用保护市场资本化而参与进来，那么之前的这一沼泽地块就不可能得到保护或修复。

虽然 EIP 的迪斯默尔沼泽项目尚未彻底证明财务上的成功，但所有预售信用额的迅速售卖表明了它正在按计划来达到预期。从婆罗洲到巴西，这种模式可以复制到任何生态系统市场正在兴起的地方。类似的案例表明，该模式适用于所有规模的地块，无论是否具备公众支持和激励。世界各地的投资者、环境保护者和政府将密切关注迪斯默尔沼泽等项目，确认它们是否能获取成功。一旦得到肯定的答案，估计效仿者就会涌现并成倍增长，从而使该模式广泛传播。

四、参考文献

Bishop，J.，S. Kapila，F. Hicks，P. Mitchell，and F. Vorhies. 2008. *Building biodiversity business*. London and Gland，Switz.: Shell International Limited and the International Union for Conservation of Nature. http://data.iucn.org/dbtw-wpd/edocs/2008-002.pdf

Butler，R. A. 2007. Can wildlife conservation banking generate investment returns? Mongabay（Novem-ber 27）. http://news.mongabay.com/2007/1127-palm_oil.html

Carroll，N. 2008. Biodiversity banking: How market forces can promote conservation. Ecosystem Mar-ketplace. www.ecosystemmarketplace.com/media/pdf/ccb_nc_article.pdf

Ecosystem Investment Partners. 2009. EIP projects: Great Dismal Swamp. www.ecosystempartners.com/projects_gds.htm

Ecosystem Marketplace. 2008. Overview: US wetland banking. www.ecosystemmarketplace.com/pages/marketwatch.overview.transaction.php?market_id=4

Environmental Defense Fund. 2007. The cap and trade success story. www.edf.org/page.cfm?tagID=1085

Flaccus，G. 2007. Peace proposed in battle over endangered fly. Associated Press（February 8）. www.msnbc.msn.com/id/16873058/

Kenny，A. 2007. Partners in conservation: EIP pioneers new model. Ecosystem Marketplace（May 25）. http://ecosystemmarketplace.com/pages/article.news.php?component_id=4993&component_version_id=7414&language_id=12

Mathers，J.，and M. Manion. 2005. Cap and trade systems: How they work. *Catalyst* 4（1; spring）.

National Research Council，Board on Environmental Studies and Toxicology，Water Science and Tech-nology Board，Committee on Mitigating Wetland Losses. 2001. *Compensating for wetland losses under the Clean Water Act*. Washington，DC: National Academy Press.

Ruhl，J. B.，A. Glen，and D. Hartman. 2005. A practical guide to habitat conservation banking law and policy. *Natural Resources & Environment* 20（1; summer）: 26.

Stapleton，R. M. 1997. *Protecting the source: Land conservation and the future of America's drinking water*. San Francisco，CA: The Trust for Public Land.

U.S. Environmental Protection Agency. 2007. Mitigation banking factsheet: Compensating for impacts to wetlands and streams. www.epa.gov/owow/wetlands/facts/fact16.html

U.S. Fish and Wildlife Service. 2008. Great Dismal Swamp National Wildlife Refuge. www.fws.gov/northeast/greatdismalswamp/Habitat.htm

第二节　与土地所有者合作提供生态系统服务——哥斯达黎加的开创性尝试

Shannon Meyer

巴勃罗·巴尔克罗（Pablo Barquero）的农场位于哥斯达黎加蒙特韦尔德

（Monteverde）的生态旅游胜地外。这块占地 89 公顷（220 英亩）的土地，他与妻子一起耕种了 30 年。他们都在仅仅几公里外出生。当他接管家庭农场时，蒙特韦尔德还是一个沉睡的乳制农场社区，从云雾森林中分离出来以供应当地的奶酪工厂。然而在过去几十年里，蒙特韦尔德和哥斯达黎加其他地方的情况发生了巨大的变化。蒙特韦尔德市中心现在遍布着网吧、纪念品商店和酒店，取代了社区聚会场所和农场供应商店。如今在无处不在的生态旅游活动让位给牧场和奶牛之前，你必须在城外几英里的地方旅行。

巴尔克罗的故事听起来与我住过的科罗拉多度假社区许多农场主的故事非常相似。"旅游业正在接管一切。我儿子的工作是为树顶旅游公司驾驶公共汽车，因为在那里他可以比留在农场赚更多的钱。"巴尔克罗感叹道[①]。旅游相关的开发已经大大抬高了土地的价格，以至于当农场主离开并前往土地更便宜的地区时，农民无法将其扩张到邻近的农场。

然而巴尔克罗不想离开他的农场。当他了解到一个可以得到资金保护农场森林的计划时，他非常感兴趣。蒙特韦尔德保护联盟（Monteverde Conservation League，MCL）的代表正在帮助巴尔克罗在他的土地上实施重新造林项目。MCL 拥有并管理着"儿童永恒雨林"（Children's Eternal Rain Forest），这是世界各地的孩子们开展的一便士运动。MCL 本身借助一项名为"Pagos por Servicios Ambientales"（环境服务付费，PSA）的计划，收取保护热带雨林费用。它提供的资金对 MCL 保护其所维持的森林至关重要。MCL 非常重视这个项目，花费了很大一部分资源来向蒙特韦尔德地区的土地所有者介绍本次机会，并帮助他们申请 PSA 项目。PSA 项目意识到：私人林地、人工林和农林系统提供了一系列有益于整个社会的生态系统服务。向土地所有者付费，让他们保护、恢复和有限度地砍伐森林，有利于土壤流失的减少、水质的改善、景观效益的提高、生物多样性保护和碳储存，从而让每一个人受益。

最终巴尔克罗将近 1/3 的农场面积参与到项目中，并承诺保护他的森林十年[②]。当巴尔克罗被问及他对该项目的看法时，他说道："这终究是一件好事。它可以帮助农民，支持做需要做的事情来保护自己的土地。"这个项目似乎已经在至少十年内成功保护了巴尔克罗农场的森林和水。当被问及如果没有政府保护资金，他会怎么处理土地时，他回答说："或许没有什么不同。现在哥斯达黎加的法律禁止砍伐现有的天然森林。另外，这些土地对于放牧奶牛来说太陡了。"因此，这个项目实际上或许并没有改变他管理林地的方式，但这一保护资金可以让巴尔克罗继续耕种其他土地，并让对他的土地管理实施奖励的措施更加可行。

---

① 所有 Pablo Barquero 的引言都来自 2008 年 1 月与他的私下交流。

② 付款期限为五年，但有重新注册的选择。巴尔克罗利用了这个选择。

　　故事的关键在于世界上第一个生态系统服务支付项目的诞生。从表面上看，哥斯达黎加项目取得了成功。数百篇关于该国从经济落后状态（其森林覆盖率已降至历史上的 1/4）到世界森林保护领导者转变的文章已经被发表。今天，热带丛林和云雾森林再次覆盖该国一半以上的面积，繁荣的生态旅游业每年为国民经济带来约 8.25 亿美元的收益。截至 2007 年，哥斯达黎加的 PSA 项目面积达到了 50 多万公顷——超过该国 10%的土地面积，服务了 7000 多名受益人。它每年花费大约 1200 万美元来保护哥斯达黎加私有森林的生态系统服务，包括水文、碳封存、风景和生物多样性。其他许多发展中国家正在尝试效仿这一成功，制订自己的生态系统服务支付计划。虽然 PSA 项目在哥斯达黎加森林复苏中发挥的确切作用或许还需要商榷，但这一经历提供了许多重要的经验教训。

一、哥斯达黎加丢失的森林

　　哥斯达黎加是中美洲第三小的国家。面积为 51 100 平方英里，略小于美国的西弗吉尼亚州，但规模不能准确反映多样性。哥斯达黎加的海岸线延伸至大西洋和太平洋，有着青翠的雨林、热带云雾森林、火山、河流和农田，拥有惊人的生物多样性。这个民主共和国在过去几十年中拥有一个稳定的政府。相对繁荣的经济主要基于旅游业、农业和电子产品出口。哥斯达黎加的人口超过 420 万，很多人受过良好教育，识字率达到 95%。全国的贫困率接近 20%（World Factbook，2009）。

　　今天，哥斯达黎加因先进的保护工作和生态旅游业而备受赞誉，在 20 世纪中叶情况却截然不同。1940 年至 1970 年间，该国的森林砍伐率高于世界上其他任何一个国家，导致损失近一半森林（Walker，2007）。据世界银行统计，在1950 年覆盖全国 72%领土面积的国家森林在 1986 年已减少至 29%。与其他许多中美洲国家一样，政府鼓励农产品生产出口的政策对大规模森林砍伐负有间接责任。国际市场对牛肉的需求增加，促使许多农民清理土地用于养牛。将林地转变为牛场的经济激励，加上国家所有权法律赋予农民"改善"土地的权力（如砍伐林地），给哥斯达黎加的大部分森林带来了厄运（World Bank，2000）。

　　在 20 世纪 70 年代后期，哥斯达黎加的森林砍伐危机的严重程度逐渐显现。这一时期的两项研究揭露了令人沮丧的事实，该国只有不到 31%的森林覆盖，每年的森林砍伐率达到 55 000 公顷。大约在同一时期，牛肉和乳制品市场正在紧缩。许多小农场只剩下无法卖出的牛和退化的土地。多年的刀耕火种导致木材短缺，当需求增加时，木材价格上涨。哥斯达黎加政府和人民终于开始认识到森林和林业产品对国家和经济的重要性。

　　哥斯达黎加的第一部林业法于 1969 年通过，但它侧重于森林工业的经济健康而非森林本身。1970 年，哥斯达黎加建立了第一个国家保护土地计划，计划费用昂贵，难以管理，并受到偷猎和迁移农业的困扰（Tidwell，2006）。1977 年国家《重新造林法案》通过后，森林的价值在这项立法中首次得到认可。该法律对政府所有的土地强制进行重新造林，并要求将国家农业贷款中至少 2%的资金用于重新造林。该国于 1979 年实施第一个林业激励计划，对从事重新造林项目的土地所有者减免税额。然而，由于哥斯达黎加大多数农村人口不缴纳所得税，只有大型土地所有者才能从中受益。因为那时重新造林技术和知识尚未发展完全，这一激励措施的实施也存在缺陷。20 世纪 70 年代的林业激励吸引了大型企业林地所有者，对小型土地所有者来说却往往没什么用处。

到 20 世纪 80 年代，对大型土地所有者的重心偏向开始发生转变。1984 年，一项新的研究表明，森林覆盖率仍在持续下降，只有 26%的国家土地被森林覆盖。此外，森林砍伐率达到了每年 59 000 公顷的历史最高水平。为了真正对抗森林砍伐，激励显然需要满足中小型土地所有者的需求。为此，政府创立了一个合适的贷款计划，为重新造林和土壤保持项目提供资金（由美国国际开发署资助的第 178 号信托基金）。该计划连续几年得到改善，有利于中小型土地所有者的需求。1983 年哥斯达黎加国家银行系统（National Banking System of Costa Rica）建立了一个贷款计划，提供了 10 年的还款宽限期和有利的借款利率。这一计划开始鼓励整个哥斯达黎加重新造林项目的投资。1986 年建立的"森林支付所有权"（Forest Payment Title）计划通过提供可被使用、出售或转让的税收抵免，进一步提供保护激励，从而使纳税及非纳税土地所有者受益。

到 1998 年，在几乎奇迹般的转变中，哥斯达黎加已成为第一个不仅终止，而且扭转了森林砍伐形势的发展中国家（Tidwell，2006）。20 世纪 90 年代新一代的林业激励得以开启，在 1993 年至 1997 年期间，超过 10 亿科朗（约 600 万美元）被用于重新造林、保护融资和农林产品[①]。从 1979 年第一次创立林业激励计划开始，到 1996 年第一批由激励措施支持的合同终止时，激励制度已保护了超过 20 万公顷的土地。

森林债券证书（Forest Bond Certificates）和森林债券高级证书（Advance Forest Bond Certificates）负责这些面积近一半的重新造林。债券证书计划带来了财务改进，以帮助小农承担重新种植土地的前期费用。森林债券证书项目提升了关于重新造林实践的知识，并提高了新的重新造林区的整体质量（World Bank，2000，31）。森林保护证书是该计划的另一项改进，它向林地所有者支付了超出其木材价值的森林价值。该证书计划中，政府首次向土地所有者支付森林保护的费用，因此间接地（如果不是直接地）对这些生态系统提供的其他商品和服务进行价值评估（FONAFIFO，2005，11）。从现在开始，林业激励不再仅是对木材产业的

---

① 1994 年 12 月的汇率，每美元相当于 164.39 科朗（World Factbook，1995）。

补贴，而是用于帮助该国进行林业资源管理。这些森林保护激励计划，再加上鼓励国家土地砍伐因素的去除，为哥斯达黎加开创性的生态系统服务支付提供了平台。

二、生态系统服务项目的支付

随着森林砍伐的停止，哥斯达黎加可以集中精力应对新的挑战——恢复它失去的森林。20 世纪 80 年代末和 90 年代的林业激励计划，以及外部经济和出口因素，有助于阻止森林砍伐。但从长远来看，这些激励措施在政治和经济上都是不可持续的。借助付费并减少利息，林业激励计划对中央政府来说财政开销很大。这些计划同时着重关注种植树木的价值；计划并没有轻易采用范围更广泛的森林服务，显然这需要一种新手段。多年来致力于停止森林砍伐的工作为哥斯达黎加人提供了许多宝贵的经验教训，也为下一步的生态系统服务支付奠定了基础。

为了应对这一挑战，哥斯达黎加制订了环境服务付费计划，这是第一个向土地所有者支付土地提供的内在生态系统服务的体系。20 世纪 90 年代通过的三项法律构成了 PSA 计划的框架。《环境法》7554 号规定了"平衡且生态驱动的环境"，《林业法》7575 号（1996）要求"合理使用"哥斯达黎加的所有自然资源，禁止森林土地的改变，并建立了 PSA 计划。最后，这两项法律都得到了《生物多样性法》7788 号（1998）的支持，该法促进了该国生物多样性的保护和合理利用。《林业法》7575 号中规定的 PSA 计划认可了人工和天然林地提供的以下四种生态系统服务，保护它们的土地所有者可以得到补偿：①减少温室效应产生的气体；②保护城市、农村或水力发电的用水；③保护具有科学研究和旅游业风景用途的生态系统和生命形式；④保护生物多样性，研究遗传基因改善以及发展可持续的科学的制药用途。

该项目并没有试图艰难地在每块土地上量化所有四种服务，而是假设每英亩提供的服务都具有同等的价值（Sánchez-Azofeifa et al.，2007）。《林业法》7575 号还建立了国家森林融资基金（Fondo Nacional de Financiamiento Forestal，FONAFIFO），该基金授权与土地所有者签订合同并分配 PSA 资金。FONAFIFO 是一个政府机构，董事会成员包括来自公共和私营部门的代表。

土地所有者可能会在申请 PSA 的过程前退缩。由于应用的阻碍，非营利保护组织在该领域 PSA 实施上有着至关重要的作用。2003 年 FONAFIFO 设立了八个区域办事处，以便接管土地所有者的付费分配，并以其他方式协助项目。土地所有者必须展示由持牌林务员制订的可持续森林经营计划，描述拟议的土地用途。这个计划必须包括土地所有权和实地现状的信息；地形、土壤、气候、排水、当前土地使用及承载能力；森林防火计划；体系监管；防止非法狩猎和砍伐的策略。

一旦计划获得批准，土地所有者就开始使用土地并开始接收付款。该计划自成立以来，受到了土地所有者极大的欢迎，每年供不应求。

PSA 凭借三类合同进行分配。"森林保护"合同要求土地所有者保护主要或次要森林至少五年，并且不允许改变土地表层。拥有"重新造林"合同的土地所有者，必须在先前被砍伐的土地上种植并维持树木至少 15 年。"可持续森林管理"合同根据批准的 15 年计划，对实施有限、低强度且可持续采伐的土地所有者进行补偿。

每种类型的合同都会创立一个在协议期限内继续进行的法律地役权，并且在合同期内出售任何未来温室气体减排信用额的权利。即使所有权发生变化，这项权利也将自动转移给国家政府（Sánchez-Azofeifa et al.，2007，1167）。自 1998 年以来，"森林保护"合同一直是最受欢迎的，占覆盖地区的 91%。这很可能是因为它所需的工作和计划最少。"重新造林"合同占该计划总面积的 5%，"可持续森林管理"合同已经终止，占 4%。

表 7.2 显示了自 PSA 计划实行以来，签发的合同数量及其相应领域。合同将至少维持五年并且可以续签。因此，自 1997 年以来签订的总面积超过了目前参加该计划的面积（例如，1997 年开始的合同可能在 2003 年续签）。到 2005 年 10 月，该计划合同的签订总面积约为 25 万公顷，其中 95%用于森林保护，4%用于重新造林，1%用于现已终止的可持续森林管理模式（Porras and Neves，2006）。

表 7.2　在 PES 模式下的哥斯达黎加土地的累计公顷数（1997~2008 年）

年份	森林保护公顷数	可持续森林管理公顷数	重新造林公顷数	总公顷数
1997	88 830	9 325	4 629	102 784
2000	218 993	22 070	14 415	255 478
2004	397 927	28 066	23 494	449 487
2008	598 433	28 066	41 871	668 370

资料来源：FONAFIFO（2009）

1. 阶段 1：1997 年到 2000 年

哥斯达黎加的总面积为 511 万公顷，其中 3 577 000 公顷具有森林的潜质。从一开始，国家林业部和 FONAFIFO 为 PSA 计划制定了全国范围森林覆盖率达到 70%的目标。参加该计划的地块是按照先到先得的规则确定的，而不是根据地块的具体价值。申请过程的复杂性导致在初始阶段大型土地所有者占比极少。PSA 的付款费用并不高，仅凭这笔费用无法与林地可能的其他用途相竞争。第一阶段的平均费用仅为每年每公顷 22 美元至 42 美元且土地所有者的净收益较低，其费用还与 PSA 的申请流程相关，例如向持牌林务员付费以制订所需的土地使用计划，其费用约为 PSA 支付的 15%（Pagiola，2006，7）。相比之下根据土地类型，20 世纪 90 年代后期的牛群产量估计在每公顷 8 美元至 125 美元之间。

　　PSA 项目第一阶段的资金主要来源于对化石燃料征收 15%的税。根据 1996 年的《林业法》，1/3 的燃气税收已分配给 FONAFIFO 用于 PSA。但实际上财政部很少能提供法律规定的 1/3。除了燃气税之外，该计划的制订者还打算让商业部分中 PSA 保护的生态系统服务的受益者帮助承担部分财务负担。用水者是保护林地的水文服务最明显的受益者。

　　1997 年，PSA 和"全球能源"（Energía Global，EG）与水电商签订了第一份协议。EG 同意向参与的土地所有者支付费用，用于保护公司两个水力发电厂上流的森林。一年后，PSA 与其他水电生产公司也达成了类似的协议，其中包括全国水电公司（Compañía Nacional de fuerza y Luz）（Pagiola，2006）。最初预计碳抵消额度将为 PSA 提供大量资金。然而截至 2008 年，唯一的此类交易是在 1997 年，当时挪威以 200 万美元购买了 2 亿吨碳封存。最后一直为该项目献力的世界银行，在此阶段提供了 3260 万美元的贷款。在第一阶段，4461 名土地所有者获得了超过 5000 万美元的付款，覆盖了 28 万公顷的私有土地（Russman，2004，2）。

　　2. 阶段 2：2001 年到 2008 年

　　该计划及其管理人员积累了一定的经验教训，在 2001 年至 2008 年对 PSA 计划进行了许多改进。第一阶段受效率低下和官僚主义阻碍的燃油税支付结算体系于 2001 年被修改，直接给该项目分配 3.5%。尽管新体系分配的总金额少于前一时期的金额，但因不再由财政部提供，之后该项目实际上拥有了更多的资金。在第二阶段，FONAFIFO 65%的预算来自燃油税以外的其他来源，包括世界银行的另一笔贷款和全球环境基金（GEF）的赠款，也称为"生态市场"（Ecomarkets）项目。Ecomarkets 项目包括了来自 GEF 的 1000 万美元赠款和来自世界银行的 3200 万美元贷款，以及 2008 年批准的哥斯达黎加政府提供的 800 万美元捐款。PSA 项目还从德国复兴信贷银行中获得了 1190 万美元，这是一家德国政府控股的开发银行。

　　在第二阶段早期，由于创立了标准化的环境服务证书（Certificados de Servicios Ambientales，CSA），与用水者达成的协议提供的资金大幅增长，每个证书都为特定区域的一公顷森林保护提供了标准付费。CSA 抹去了根据具体情况协商每项协议的必要性。2005 年，当哥斯达黎加修改其水费体系，创立专门用于流域保护的资金时，水文保护的付费进一步增长。该部门遵守 1996 年《森林法》的规定，全额支付内在化环境服务费用。一旦全面实施，上述支付预计每年将产生高达 1900 万美元的资金：PSA 项目将得到 25%；另外 25%将用于国家公园对生产水的贡献；其余 50%涵盖环境部对水治理项目的投资成本（C. M. Rodriguez，私下交流，2008 年）。水费的修改标志着从"自愿支付"到"商业用水者强制性支付"体系的思想和实践转变，用水者受益于私有高地流域的保护。

全球环境基金"生态市场"补助金包括了在哥斯达黎加中美洲生物走廊（Mesoamerican Biological Corridor，MBC）500 万美元的保护资金。这基本上是全球社会对哥斯达黎加森林所提供生物多样性服务的支付。它旨在增加 MBC 区域内 PSA 的保护面积（C. M. Rodriguez，私下交流，2008 年）。另一项全球环境基金赠款，也借助 PSA 项目获得了额外的生物多样性保护和碳固存收益。环境保护国际基金会（CI）是一家总部设在美国的非政府组织，它提供了 50 万美元用于支付奥萨半岛和太平洋友好保护区（Pacific La Amistad Conservation Area）PSA 农林合同 50%的费用。CI 还支付了在奇里波国家公园（Chirripó National Park）缓冲区内多达 8 万棵树 50%的种植费用（Pagiola，2006，6）。虽然每年的水费是可以更新的，但生物多样性的贡献却是不可再生的。生态旅游业是受 PSA 保护的生物多样性和风景服务的最直接经济受益者。尽管如此，借助生态旅游业评估来增加保护环境收益的工作尚未取得成功。

到 2004 年，超过 40 万公顷的森林和种植园的投资超过了 220 亿科朗，超过 7000 名土地所有者参与了 PSA 计划。这样看来，该面积相当于哥斯达黎加具备森林潜力土地的 11%左右。另外 40 万公顷的土地正在等待该项目的到来，希望将来能收到项目付款的土地所有者正在保护它们。参与该项目的地块平均规模为：森林保护支付项目为 90 公顷，重新造林项目为 30 公顷。这些数据表明，该项目包括了中小型、大型以及商业土地所有者的参与（FONAFIFO，2005，37）。

2006 年，每年每公顷的森林保护项目支付数额大幅增加到 70 美元，而种植园则是 10 年每公顷 816 美元。当时担任环境部部长的卡洛斯·曼努埃尔·罗德里格斯（Carlos Manuel Rodriguez）解释说，这一变化是因为意识到"即使我们没有逐步调整的计划，但我们需要这一变化才能迫使 FONAFIFO 在支付增长和支付差异化的情况下工作"后做出的。这两个额外支出的拟议资金来源是水生产支付和预计的 Ecomarkets 项目（C. M. Rodriguez，私下交流，2008 年）。然而由于这些变化是在新的资金来源之前实施的，直接结果是导致参与该项目的新区域大量减少（Pagiola，2006，8）。

为了解决第一阶段保护结果未能涉及提供最重要生态系统服务土地的担忧，FONAFIFO 制定了一些界限，以针对 PSA 中特别重要的区域。这些战略区域是建立生物走廊，保护重要流域以及容纳贫困地区的关键。在 PSA 项目的第二阶段，添加了农林合同，即估算农林系统中种植树木的数量，包括风障、活树篱、树荫等，向土地所有者支付资金。大约在同一时间，"可持续森林管理"合同注定会因不合适而被淘汰，因为登记的土地所有者已经从木材砍伐中获得了足够的收益，并且这些项目在哥斯达黎加的森林条件下是不可持续的（C. M. Rodriguez，私下交流，2008 年）。

尤其是对哥斯达黎加森林的态度，政府和人民都发生了根本性的转变。森林曾被视为生产性农业活动和发展的障碍，如今森林提供的环境服务在这个社会中得到广泛认可并具有经济价值。过去，将大部分土地保留为森林的农民会被邻居视为懒惰。他们认为这些农民已经放弃或闲置土地，或认为该土地没有价值。现在，良好的森林管理者被认为是对国家环境和生物财富明智且无私的贡献者。"PSA 改变了我们对环保主义的看法"，环境保护国际基金会南方中美洲项目的高级主管曼努埃尔·拉米雷斯（Manuel Ramirez）说，"它将保护从慈善转变成了能够与全球市场上其他任何出口竞争的经济手段"（Tidwell，2006）。根据 FONAFIFO 主任豪尔赫·马里奥·罗德里格斯（Jorge Mario Rodríguez）的说法，PSA 计划不仅为乡村区域（计划）受益者的社会经济发展做出了贡献，而且产生了明显的环境影响，从该国森林砍伐率的减少及森林覆盖率的增加就可以反映（FONAFIFO，2005，36）。

三、项目的困难及进展

在实施 PSA 后的一段时间内，或许简单的土地覆盖统计数据能让一个观察者认为，在很大程度上，生态系统服务付款项目是由森林砍伐转变到重新造林的主要原因。然而也有许多其他因素在同一时期发挥作用，这让因果关系的确立变得更加困难。在该项目实施前的 20 年中，牛的价格大幅下降，削弱了森林砍伐的主要历史驱动因素之一。20 世纪 90 年代实施的林业激励，或许也对哥斯达黎加森林砍伐趋势的逆转做出了重大贡献。最后，创立 PSA 项目的法律还包括禁止砍伐森林。事实上应用 PSA 的原因之一是，PSA 被当作对付土地所有者的权宜之计，否则他们会更加坚决地抵制森林砍伐禁令。

因此，PSA 中受保护的大部分土地都是在 20 世纪 90 年代没有受到威胁的边缘林地。哥斯达黎加 PSA 项目吸引农民和土地所有者的三个原因是：①费用相对较低；②该项目不区分森林地块的类型；③该项目不针对特定类型的地块，国家/地区或土地用途。换而言之，无论费用多少，参加该项目的许多土地所有者也许会保持原本的土地用途，或采用可持续的林业做法。而两项研究表明，即使没有获得 PSA 资助，大多数 PSA 参与者也会保护他们的森林（Miranda et al.，2003；Ortiz et al.，2003）。

目前为止，关于 PSA 项目是否有助于阻止森林砍伐的科学文献存在分歧。一些研究表明，PSA 合同所涉及土地的森林覆盖率高于未登记的土地。Zbinden 和 Lee（2005）的研究发现，哥斯达黎加北部的 PSA 参与者将其农田的 61% 保持为森林,而非参与者的比例为21%。同样在2006年,西拉(Sierra)和罗斯曼(Russman)发现奥萨半岛(Osa Peninsula)PSA参与者超过92%的农场被森林或灌木丛覆盖,而非参与者的这一比例为72%。Ortiz等(2003)对100名PSA参与者进行了调查并发现,在保护合同下36%的森林以前曾被用于放牧。然而,每项研究的单独规模太小,对整个国家而言结论站不住脚(Pagiola,2006,10)。Tattenbach等(2006)于1996年至2000年间在"火山山脉中央保护区"(Cordillera Volcánica Central Conservation Area)发展了一个毁林总量的计量经济模型。他们的结论是,2005年全国的原始森林覆盖率比没有PSA项目的情况下高出约10%。2006年的另一项研究发现,从1997年到2000年,PSA激励了莎拉比基(Sarapiquí)周围成熟的原生森林保护。

另外,2007年在《保护生物学》(Conservation Biology)上发表的一篇论文认为,除PSA项目之外的其他因素对哥斯达黎加森林砍伐的终止并扭转做出了更多贡献。作者发现未得到付款地区的森林砍伐率并没有明显高于PSA项目登记的地区(Sánchez-Azofeifa et al.,2007,1172)。同一时期的另一项研究发现,PSA项目在第一阶段对森林砍伐的影响很小。然而,比较这些结果很难,因为它们适用于不同的区域、时间段和因变量,并且使用了不同的方法。尽管如此,显然关于PSA方法经济效益的公开辩论仍在继续。

FONAFIFO甚至确立了三个主要的项目限制:①限制一些土地所有者参与PSA的法律要求;②PSA计划缺乏对生态系统服务支付实际影响的公众问责;③作为环境服务受益者的一些机构(最明显的是能源生产商)支持不足。许多土地所有者被排除在计划之外,因为他们无法证明他们的土地有明确的所有权或其土地被抵押贷款所阻碍。结果相互冲突的私人研究成倍增长,凸显了FONAFIFO频繁制作项目报告的需要,以详述按地区和合同类型分配的支付,项目的总费用以及每种支付在生态系统服务和自然系统实际保护中的有效性。FONAFIFO正在努力改进其报告体系,而它的网站是一个不断发展的提供有用信息的资源[①]。

FONAFIFO正在为项目选择流程添加一个有针对性的标准,以应对该计划面临的一些严厉的批判。由于申请的数量超过了PSA合同的资金,有限的资源必须用于最重要或最受威胁的房产。为了获得成功的定位项目,至关重要的是获得精确的和最新的信息。FONAFIFO需要清楚了解森林与水文效应之间的联系,特别是重新造林项目。寻找方法来确定哪些土地受到开发威胁或遭受欠佳的森林管理实践相当重要。在该领域的积极协调员的参与将改善环境服务,他们可以帮助确定地块和土地所有者群体,这也有助于提高效率并降低交易成本。

① FONAFIFO网站提供西班牙语和英语版信息。

四、结论

尽管 PSA 计划存在缺陷，哥斯达黎加始终被认为是环境服务支付领域的创新者。通过开展一项计划来保护私有土地上的各种环境服务，该国政府做到了其他国家政府从前没有做过的事。自 1996 年哥斯达黎加 PSA 计划诞生以来，拉丁美洲以及亚洲和非洲都出现了类似的计划。前哥斯达黎加环境部部长卡洛斯·曼努埃尔·罗德里格斯称，他已经为大约 17 个国家提供了关于开展自身 PSA 计划的建议。"我们证明了发展中国家也可以成功地将土地保护作为经济引擎。"他解释道，"我们证明了一英亩森林能超过一头牛的价值"（Tidwell，2006）。拉丁美洲的生态系统服务支付计划成倍增长，巴西、哥伦比亚、厄瓜多尔、萨尔瓦多、墨西哥和委内瑞拉都在国家、地区或地方层面制订了计划。现在墨西哥即将开展最大规模的计划，超过一百万公顷的土地参与并获得联邦水费资金。

即使哥斯达黎加的 PSA 计划无法被确定为该国重新造林成功的最重要因素，但该计划的开展仍然标志着影响森林及其生态系统服务的态度和做法发生了翻天覆地的变化。PSA 计划的概念和实施体系是在经过了十多年其他类型的激励计划的尝试而发展起来。先前计划的融合、具有前瞻性的政府以及生态旅游的日益增长，都对哥斯达黎加 PSA 计划的成功产生了重大影响。越来越多的国家开始创立自己的计划，继续学习哥斯达黎加的经验和教训尤为关键。

一些评论员建议 PSA 计划思考如何让资金优先用于提供最重要生态系统服务的地块保护，希望随着 PSA 计划的激增，各国之间的信息共享能够到位，以便现有计划为新成立的计划提供明确指导。我们能从这些新成立的计划中学到很多东西，它们在世界范围内对保护成效有着非常大的影响潜力。

五、参考文献

FONAFIFO. 2005. The environmental services program: A success story of sustainable development implementation in Costa Rica, ed. J. M. Rodríguez. San Jose, Costa Rica: Fondo Nacional de Financia-miento Forestal (FONAFIFO).

——. 2009. Distribución de las hectáreas contratadas en Pago de Servicios Ambiéntales, por año y por modalidad: Período 1997-2008. San Jose, Costa Rica: Fondo Nacional de Financiamiento Forestal (FONAFIFO). www.fonafifo.com/text_files/servicios_ambientales/distrib_ha_Contratadas.pdf

Miranda, M., I. T. Porras, and M. L. Moreno. 2003. The social impacts of payments for environmental services in Costa Rica: A quantitative field survey and analysis of the Virilla watershed. London: International Insti-tute for Environment and Development.

Ortiz, E., L. Sage, and C. Borge. 2003. Impacto del programa de Pago de Servicios Ambientales en Costa Rica como

mediio de reduccion de la pobreeza en los medios rurales. Serie de Publicaciones RUTA. San Jose，Costa Rica：
　　Unidad Regional de Asistencia Tecnica.

Pagiola，S. 2006. Payments for environmental services in Costa Rica. Washington，DC：World Bank（December 20）．
　　MPRA paper no. 2010. http://mpra.ub.uni-muenchen.de/2010

Porras，I.，and N. Neves. 2006. Costa Rica：National PES programme. Watershed Markets（International Institute for
　　Environment and Development）www.watershedmarkets.org/casestudies/Costa_Rica_National_PES_eng.html

Russman，E. 2004. Long-term impacts of payment for environmental services：A forest conservation assessment in the
　　Osa Peninsula，Costa Rica. M.A. thesis，University of Texas，Austin.

Sánchez-Azofeifa，G. A.，A. Pfaff，J. A. Robalino，and J. P. Boomhower. 2007. Costa Rica's payment for environmental
　　services program：Intention，implementation，and impact. *Conservation Biology* 21（5）：1165-1173.

Sierra，R.，and E. Russman. 2006. On the efficiency of environmental service payments：A forest conser-vation assessment
　　in the Osa Peninsula，Costa Rica. *Ecological Economics* 59：131-141.

Tattenbach，F.，G. Obando，and J. Rodríguez. 2006. Mejora del excedente nacional del Pago de Servicios Ambientales. San
　　Jose，Costa Rica：Fondo Nacional de Financiamiento Forestal（FONAFIFO）．

Tidwell，J. 2006. The true wealth of nations：How Costa Rica prospers by protecting its ecoystems. *Conservation*
　　International（March 16）．www.conservation.org/FMG/Articles/Pages/wealth_of_nations_costa_rica.aspx

Walker，C. 2007. Taking stock：Assessing ecosystem services conservation in Costa Rica. Ecosystem Marketplace（May
　　21）．http://ecosystemmarketplace.com/pages/article.news.php?component_id=4988&component_version_id=7328&
　　language_id=12

World Bank. 2000. Costa Rica：Forest strategy and the evolution of land use，R. de Camino，O. Segura，L. G. Arias，
　　and I. Pérez. www.wds.worldbank.org/external/default/WDSContentServer/WDSP/IB/2001/01/20/000094946_01011
　　00548508/Rendered/PDF/multi_page.pdf

World Factbook. 1995. Costa Rica. Washington，DC：Central Intelligence Agency. www.umsl.edu/services/govdocs/
　　wofact95/wf950060.htm

——. 2009. Costa Rica. Washington，DC：Central Intelligence Agency. https://www.cia.gov/library/publications/the-
　　world-factbook/geos/cs.html

Zbinden，S.，and D. R. Lee. 2005. Paying for environmental services：An analysis of participation in Costa Rica's PSA
　　program. *World Development* 33（2）：255-272.

林肯土地政策研究院简介

  林肯土地政策研究院是一家私募运作型基金会，宗旨是在美国和世界范围内提高土地政策及土地税收领域的决策质量和公众认知度。研究院的目标是通过理论结合实践来完善土地政策，为不同学术背景的人提供一个无党派的论坛，以此来影响公共政策。对土地的关注来源于研究院成立之初的目标——探寻土地政策与社会经济发展之间的联系，最早由政治经济学家、作家亨利·乔治提出并做分析。

  研究院的工作主要分三个部门：估价和税收，规划和城市形态以及国际研究。其中，国际研究包括拉丁美洲和中国项目。我们希望通过教育、研究、试点项目以及出版物、网站、媒体传播来影响决策。我们聚集了学者、实践工作者、政府官员和政策顾问，一同为公民营造了一个学院式的研习环境。研究院本身不持任何特别观点，仅愿作为催化剂以便激发关于土地利用和税收问题的讨论分析，影响当下并助力未来的决策。林肯土地政策研究院是一个倡导机会平等的机构。

地址：113 Brattle Street，Cambridge，MA 02138-3400 USA
电话：1-617-661-3016 x 127；1-800-526-3873
传真：1-617-661-7235；1-800-526-3944
邮箱：help@lincolninst.edu
网址：www.lincolninst.edu